编委会

主　编　马文礼

副主编　王　昊　陈永伟　王占军

编　委　何建龙　卜建华　蔡崭红　陈　萍　靳　韦
　　　　杨　波　张洪银　哈　蓉　田　英　殷韶梅
　　　　徐　灿　张　敏　何金柱　李治锋　解艳玲
　　　　马玲芳　贺萌萌　夏学智　杨桂丽　王　娟
　　　　罗园园　张芳红　王　琦

宁夏地区欧李集约化栽培技术

马文礼 主编

王 昊 陈永伟 王占军 副主编

黄河出版传媒集团
阳光出版社

图书在版编目(CIP)数据

宁夏地区欧李集约化栽培技术 / 马文礼主编. -- 银川:阳光出版社, 2022.6
ISBN 978-7-5525-6426-6

Ⅰ.①宁… Ⅱ.①马… Ⅲ.①欧李-果树园艺 Ⅳ.①S662.5

中国版本图书馆 CIP 数据核字(2022)第 140251 号

宁夏地区欧李集约化栽培技术

马文礼 主编
王 昊 陈永伟 王占军 副主编

责任编辑　申 佳　赵 倩
封面设计　赵 倩
责任印制　岳建宁

黄河出版传媒集团
阳光出版社 出版发行

出 版 人　薛文斌
地　　址　宁夏银川市北京东路 139 号出版大厦（750001）
网　　址　http://www.ygchbs.com
网上书店　http://shop129132959.taobao.com
电子信箱　yangguangchubanshe@163.com
邮购电话　0951—5047283
经　　销　全国新华书店
印刷装订　宁夏凤鸣彩印广告有限公司
印刷委托书号　（宁）0024220

开　　本　880 mm×1230 mm　1/32
印　　张　5.5
字　　数　120 千字
版　　次　2022 年 6 月第 1 版
印　　次　2022 年 6 月第 1 次印刷
书　　号　ISBN 978-7-5525-6426-6
定　　价　40.00 元

版权所有　翻印必究

前　言

欧李［*Cerasus humilis*（Beg.）Sok］为蔷薇科矮生小灌木，是我国独有的小灌木果树，因果肉中钙含量居水果之首，且人体易吸收，故又称为"钙果"。欧李根系十分发达，根冠比为9∶1（一般树种为3∶1），形成了旱时避旱、雨季集水的抗旱机制，具有耐旱、耐瘠薄、抗寒、适应性强的特性，是绿化荒山、治理水土流失的优良生态树种。欧李花团锦簇、果实鲜艳，具有很好的观赏价值，也是城市园林绿化亟待推广的灌木后起之秀。欧李主要分布在我国长江以北地区，国内有26个省份进行引种试验，分布在东北区、华北区、华东区、西北区、南方区，其中以山西、内蒙古、辽宁和河北分布最多，生长在海拔1 000～1 890 m的向阳坡地或山地的地埂中。欧李果实含有丰富的蛋白质、矿质元素、维生素和氨基酸，具有极好的果实开发利用价值，与俄罗斯大果沙棘、蓝莓并称为世界三大珍稀保健水果。同时，欧李也是一种重要的沙生药用植物，果实中多酚、类黄酮、原花青素、维生素等次生代谢产物具有很高的生物活性以及非常独特的药用价值和保健价值，集果、仁、叶、根、花等综合利用于一身，具有显著的生态、保健、药用、观赏等价值，是生态效益与经济效益俱佳的生态经济树种。

目前，全国种植欧李的总面积仅有约6万亩，宁夏约1万亩。欧李在宁夏中部干旱带典型沙地、荒漠化土地、压砂地栽培具有很好的生态效果，尤其在中卫市压砂地pH 8.5、土壤有机质含量6.9‰的贫瘠土壤条件下生长良好，在中卫香山老化压砂地春季风大、夏季炎热、冬季寒冷、年降雨量150～180 mm的地区，仅补充1次定植水就可满足欧李生长，栽培第三年亩产鲜果可达500 kg，且果实糖、钙、硒含量高。欧李的栽培应用得到了广大农户的认可，生态效益、经济效益显著。

在"绿水青山就是金山银山"理念的引领下，宁夏回族自治区党委政府提出生态立区、科技创新、脱贫富民三大战略。开展欧李这一优良生态抗逆树种的引种筛选、优质苗木繁育、丰产栽培技术、高附加值产品加工以及产业化研究与示范，是发挥欧李这一特色资源优势，促进宁夏及我国北方干旱地区生态建设的需要，也是建设生态文明、促进农业增效、实现乡村振兴的需要。

第一，是促进我国北方地区生态建设可持续发展，实现

"绿水青山就是金山银山"理念和宁夏生态立区战略的需要。

党的十八大报告明确提出:"把生态文明建设放在突出地位,融入经济建设、政治建设、文化建设、社会建设各方面和全过程,努力建设美丽中国,实现中华民族永续发展。"生态文明成为实现中华民族伟大复兴中国梦的重要内容,生态建设成为改善民生、建设美丽中国的重要内容。习近平总书记在党的十九大会议上将"绿水青山就是金山银山"提到新的高度。党中央、国务院始终将生态建设纳入国民经济和社会发展纲要,而且把加快生态建设作为西部大开发战略的根本点和切入点,这对于改善我国生态环境、提高人民生活水平都具有非常重要的意义。宁夏及我国西北大部分地区水土流失、土地荒漠化十分严重,生态功能亟待提高。目前,宁夏面临发展经济、保护环境的双重压力。自治区第十二次党代会明确提出,要大力实施生态立区战略,深入推进绿色发展。实施生态立区战略,既符合自然规律和社会规律,又满足包括生态安全、经济安全、社会安全在内的国家安全需要。

在生态建设中,坚持适地适树原则,选择抗逆性、适应性强的乡土树种是生态建设的基础和成败的关键。近年来,我国尝试了不少品种,但均存在各种问题,如种草需在雨季,长到冬季又会大量死亡,并且需要大量水资源;枣树在干旱地区成活率低、生长慢、收益慢;一般灌木成活率低、造林效果不显著且利用价值低等。在很多重点生态建设地区，传统农业产值较低，农民种植积极性不高，造成大量农田缺少管理甚至荒废，亟待进行农业产业结构调整。

欧李是我国北方地区特有的一种野生种质资源，其根系发达、抗旱性强、耐瘠薄、适应性强、易于管理，是一种短平快绿化荒山、治理水土流失的不可多得的树种，已被国家林业局列为生态林优良树种。欧李也是世界最矮小的木本果树，含有丰富的蛋白质、矿质元素、维生素和氨基酸。每百克鲜果的钙、铁含量分别达到 60 mg 和 1.5 mg，是苹果的 7~10 倍、6~10 倍。欧李果实中含有 17 种氨基酸，总含量高达 338.3~451.7 mg/g，是儿童和老人的高级保健水果。欧李仁、根皆可药用，仁每千克售价近百元，茎、叶生物量和营养价值高，是牛羊的优良饲草。近年来，欧李在生态环境建设中的作用越来越被人们所重视，显示出良好的发展前景。因此，在我国北方地区开发利用欧李特有资源，是生态建设和绿化美化环境的迫切需要，并对调整产业结构、打造特色产业、促进农民增收、实现生态文明建设具有重大意义。

第二，是发挥资源优势，促进农业产业结构调整，实现农业增效、惠民富民的需要。

宁夏及我国北方大部分地区由于立地条件差、生态脆弱，传统农业产值较低，农民种植积极性不高，造成大量农田缺少管理甚至荒废，亟待进行农业产业结构调整。大量沙地、撂荒地闲置荒废，生态功能亟待提高。另一方面，当地又缺少适应生态环境、经济价值较高的品种资源进行种植和开发以形成产业。随着我国乡村振兴战略的实施，农业产业结构进行战略性调整已经成为农业和农村发展的迫切需要，如何利用自然优势和资源优势达到这个目的，是当前农业工作的中心任务。

欧李作为一种我国独有且尚未大规模开发的新兴果树，具有极强的抗逆能力，抗寒、抗旱、耐瘠薄，可以在平地、山坡地 pH<8 的地区种植，也可以在乔木果树行间、梯田地边种植。欧李喜含钙、钾等微量元素的土壤，能承受 -40 ℃的低温，在年无霜期 100 天、降雨量 200 mm、海拔 2 000 m 的砂砾山区环境中可以正常生长、开花、结果，种植 3 年后年产值可达 3 000 元，表现出良好的生态经济效益和发展前景。由于果实钙、铁含量高，颜色鲜艳，具有特殊的香气和加工适性，同时可作为饲料和蜜源植物，使之在农业产业结构调整中具备优势地位。因此，发展欧李生态经济产业，符合农业产业结构调整需求，有利于促进农业增效，实现生态致富。

目前，欧李市场产业化开发在我国尚处于起步阶段，随着人民生活水平的提高，人们对高营养、新型水果的需求日渐增加，为欧李开发保健食品、饮料制品等深加工产业提供了广阔的发展空间。广泛种植欧李，实现经济、生态、社会三大效益有机统一，对于困难立地地区生态恢复、延长农业产业链、提高农业附加值、拓宽农民增收渠道、挖掘新潜力、培育新动能、促进农民持续增收具有重要的现实意义。

第三，是依托科技创新，促进欧李产业化发展，提高科技创新水平和产业化能力的需要。

《国家中长期科学和技术发展规划纲要（2006—2020年）》明确提出，在农业领域，将"种质资源发掘、保存和创新与新品种定向培育"及"农产品精深加工与现代储运"等作为优先发展的主题。宁夏"十四五"规划明确指出，推进优势特色产业发展。由于欧李种群数量有限、研究开发时间较短、开发利用少，该产业存在品种混杂、种苗质量良莠不齐、栽培技术和产品开发相对落后等问题，加之种苗短缺、集约化栽培技术落后，严重影响了产品深加工技术的发展和产业化水平的提高。

针对以上关键技术问题，目前，各界学者采用现代科学技术，从欧李产业发展全产业链需求出发，重点开展欧李种质资源引选与区域化研究、优良品种繁育产业化技术研究与示范、集约化栽培关键技术研究与示范、欧李系列产品加工利用研究与转化4个方面的研究工作，重点解决欧李在宁夏产业化发展过程中品种、种苗、栽培和产品开发的关键技术难题，最终实现宁夏欧李产业品种优良化、种苗标准化、栽培规范化和产品多元化。

本书对欧李品种选择、种植模式、修剪技术、精准水肥、病虫害绿色防控及采收等方面进行了系统研究，形成了欧李集约化栽培关键技术体系。

通过关键技术研究与集成，获得一批支撑欧李产业可持续发展的关键性技术成果，并形成有效的示范与带动，提升现代农业水平。同时，有利于构建完善的欧李产业建设和发展体系，全面挖掘欧李种质资源特性，开发多种产品利用类型，提高科技创新能力，促进成果产业化发展，用科技创新成果支撑产业发展、行业进步。

目 录
CONTENTS

第一章　优良品种

1　农大 4 号　/ 002

2　农大 5 号　/ 003

3　农大 6 号　/ 004

4　农大 7 号　/ 005

5　农大 8 号　/ 007

6　农大 9 号　/ 008

7　农大 03-35（资源）　/ 009

8　农大 07-14（资源）　/ 010

9　农大 23-04（资源）　/ 012

10　农大 SD（资源）　/ 013

11　京欧 1 号　/ 014

12　京欧 2 号　/ 015

第二章　苗木快速繁育技术

1　嫁接繁殖　/ 018

　　1.1　建园　/ 018

1.2 嫁接　/ 019

　　1.3 嫁接后管理　/ 021

2 扦插繁殖　/ 022

　　2.1 品种选择　/ 022

　　2.2 扦插时间　/ 023

　　2.3 苗床准备　/ 023

3 组培繁殖　/ 028

　　3.1 外植体准备　/ 028

　　3.2 培养基准备　/ 029

　　3.3 培养条件　/ 030

　　3.4 炼苗与移栽　/ 030

第三章　建园技术

1 园址选择　/ 034

　　1.1 远离污染源　/ 034

　　1.2 生态条件适宜　/ 034

2 园地规划与设计　/ 036

　　2.1 园地规划　/ 036

　　2.2 品种选择与授粉　/ 037

3 苗木定植　/ 039

　　3.1 定植　/ 039

　　3.2 栽植密度与栽培模式　/ 039

第四章　水分管理

1. 生育期水分调控　/ 044

    1.1　萌芽前灌水　/ 045

    1.2　新梢生长和坐果期灌水　/ 045

    1.3　转色期灌水　/ 046

    1.4　果实膨大期灌水　/ 047

    1.5　冬灌　/ 047

2. 需水规律研究　/ 048

    2.1　试验设计　/ 048

    2.2　测定项目及方法　/ 049

    2.3　结果与分析　/ 051

    2.4　不同灌水处理对品质的影响　/ 055

    2.5　不同灌水处理对产量及水分利用效率的影响　/ 057

    2.6　小结　/ 059

3. 滴灌水肥一体化技术　/ 060

4. 滴灌水肥一体化系统运行管理　/ 061

    4.1　总体要求　/ 061

    4.2　管理团队　/ 062

    4.3　轮灌制度　/ 062

    4.4　系统设备维护　/ 063

    4.5　安全操作　/ 066

第五章　土肥及养分管理

1. 土壤管理技术　/ 068

    1.1　免耕法　/ 069

    1.2　覆盖法　/ 069

    1.3　生草法　/ 071

    1.4　清耕法　/ 072

    1.5　果园间作法　/ 072

    1.6　不同欧李园土壤管理方式选用原则　/ 073

2. 养分管理　/ 074

    2.1　需肥特点　/ 074

    2.2　欧李全生育期养分需求总量研究　/ 075

    2.3　欧李各生育期养分需求规律研究　/ 076

3. 最佳施肥配方及用量研究　/ 083

    3.1　试验设计与方法　/ 083

    3.2　结果与分析　/ 084

    3.3　小结　/ 086

4. 结论　/ 087

5. 施肥方式　/ 088

    5.1　基肥　/ 088

    5.2　追肥　/ 089

第六章 树体管理

1 主要树形及丰产形态指标 / 092

　　1.1 主要树形及培养 / 092

　　1.2 丰产形态指标 / 094

2 休眠期树体管理技术 / 095

　　2.1 整形 / 095

　　2.2 修剪 / 095

3 生长期树体管理技术 / 097

　　3.1 除萌蘖 / 097

　　3.2 摘心 / 097

　　3.3 花果管理 / 098

第七章 病虫害绿色防控技术

1 病害发生规律 / 102

　　1.1 欧李根癌病 / 102

　　1.2 欧李褐腐病 / 103

　　1.3 欧李炭疽病 / 103

　　1.4 欧李酸腐病 / 104

　　1.5 欧李白粉病 / 104

　　1.6 欧李细菌性穿孔病 / 105

2 虫害发生规律 / 106

　　2.1 梨小食心虫 / 106

  2.2 蚜虫 / 107

  2.3 东方绢金龟 / 108

  2.4 小长蝽 / 109

 3 病虫害防治措施 / 109

  3.1 加强检疫 / 110

  3.2 农业措施防治 / 110

  3.3 物理防治 / 111

  3.4 生物防治 / 111

  3.5 化学药剂防治 / 111

 4 病虫害发生防治年历 / 112

第八章 采收技术

 1 采收标准 / 118

 2 采收方式 / 119

  2.1 人工采收 / 119

  2.2 机械采收 / 120

 3 采后处理 / 120

  3.1 分拣 / 121

  3.2 清洗 / 121

  3.3 预冷 / 121

 4 贮藏 / 122

 5 运输 / 123

6 加工品及加工工艺 / 123

    6.1 欧李汁加工工艺 / 124

    6.2 欧李罐头加工工艺 / 126

    6.3 欧李果脯（干态蜜饯）加工工艺 / 127

    6.4 欧李蜜饯（糖渍蜜饯）加工工艺 / 127

第九章 栽培机械选配

1 育苗机械 / 130

    1.1 木渣粉碎机 / 130

    1.2 硬物粉碎机 / 131

    1.3 搅拌机 / 133

    1.4 铺床机 / 134

    1.5 作床机 / 137

    1.6 钩根机 / 138

    1.7 割灌机 / 140

    1.8 振动式起苗机 / 141

    1.9 偏挂式起苗机 / 142

2 建园机械 / 143

    2.1 开沟机 / 143

    2.2 旋耕机 / 145

    2.3 栽苗机 / 146

3 管理机械 / 148

  3.1 割草平茬机 / 148

  3.2 喷雾机 / 150

4 采收机械 / 151

  4.1 脱果机背景技术 / 151

  4.2 脱果机总体结构及工作原理 / 152

5 果实处理机械 / 152

  5.1 榨汁机 / 152

  5.2 取核机 / 153

第一章 优良品种

1 农大 4 号

学　　名：欧李 Cerasus humilis（Bge.）Sok.

科　　名：蔷薇科 Rosaceae

属　　名：樱桃属 Cerasus

形态特征：落叶灌木，半直立株型，花期 4 月中旬至 5 月初，果期 5 月至 8 月下旬。2 年生枝灰褐色、1 年生枝绿褐色、新梢红褐色，叶色浓绿、倒卵圆形，花白粉色，果实扁球形、个大，果皮红色，皮肉同色，果肉硬、味酸，离核。

利用价值：种仁入药，做郁李仁，有利尿、缓下作用，主治大便燥结、小便不利；果肉鲜食，可加工果酒、果酱、钙片等。

种植区域：山西、陕西、内蒙古、宁夏、甘肃、青海、河北、山东、黑龙江、吉林、辽宁、新疆等地区。

2　农大5号

学　　名：欧李 *Cerasus humilis*（Bge.）Sok.

科　　名：蔷薇科 Rosaceae

属　　名：樱桃属 Cerasus

形态特征：落叶灌木，半直立株型，花期4月中旬至5月初，果期5月至8月中旬。2年生枝灰褐色、1年生枝绿褐色、新梢绿色，叶片大、色嫩绿、倒卵圆形，花白色，花朵较大，果实近球形，果皮黄色，果肉浅黄色，肉质细腻、汁液丰富、软硬适中、酸甜适口，黏核。

利用价值：种仁入药；果肉鲜食，可加工果酒、果酱、钙片等。

种植区域：山西、陕西、内蒙古、宁夏、甘肃、河北、山东、辽宁等地区。

3 农大6号

学　　名：欧李 *Cerasus humilis*（Bge.）Sok.

科　　名：蔷薇科 Rosaceae

属　　名：樱桃属 Cerasus

形态特征：落叶灌木，半直立株型，花期4月中旬至5月初，果期5月至8月中旬。2年生枝灰褐色、1年生枝绿褐色、新梢红绿色，叶片绿色、倒卵圆形，花白粉色，果实扁球形，果皮深红色,果肉浅黄色,果肉硬、味酸,离核。

利用价值:种仁入药;果肉鲜食,可加工果酒、果酱、钙片等。

种植区域:山西、陕西、内蒙古、宁夏、甘肃、河北、山东、黑龙江、吉林、辽宁等地区。

4 农大7号

学　　名:欧李 *Cerasus humilis*(Bge.) Sok.

科　　名:蔷薇科 Rosaceae

属　　名：樱桃属 Cerasus

形态特征：落叶灌木，半直立株型，花期 4 月中旬至 5 月初，果期 5 月至 9 月初。2 年生枝灰褐色、1 年生枝绿褐色、新梢红色，叶片绿色、倒卵圆形，花白色，果实扁球形、个大，果皮黄底红晕，果肉浅黄色，果肉硬脆、酸甜适口、香，离核。

利用价值：种仁入药；果肉鲜食，可加工果酒、果酱、钙片等。

种植区域：山西、陕西、内蒙古、宁夏、甘肃、河北、山东、黑龙江、吉林、辽宁等地区。

5 农大8号

学　　名：欧李 *Cerasus humilis*（Bge.）Sok.

科　　名：蔷薇科 Rosaceae

属　　名：樱桃属 Cerasus

形态特征：落叶灌木，半直立株型，花期4月中旬至5月初，果期5月至9月初。2年生枝灰褐色、1年生枝绿褐色、新梢红绿色，叶片绿色、倒卵圆形，花白粉色，果实扁球形，果皮红色，果肉粉红色，果肉软硬适中、味酸、香，黏核。

利用价值：种仁入药；果肉鲜食，可加工果酒、果酱、钙片等。

种植区域：山西、陕西、内蒙古、宁夏、甘肃、河北、山东、黑龙江、吉林、辽宁等地区。

6 农大 9 号

学　　名：欧李 *Cerasus humilis*（Bge.）Sok.

科　　名：蔷薇科 Rosaceae

属　　名：樱桃属 Cerasus

形态特征：落叶灌木，半直立株型，花期 4 月中旬至 5 月初，果期 5 月至 8 月上旬。2 年生枝灰褐色、1 年生枝绿褐色、新梢绿色，叶片绿色、倒卵圆形、大，花白色，果实扁球形、个大，果皮红底黄晕，果肉黄色，果肉软硬适中、酸甜适口、浓香，黏核。

利用价值：种仁入药；果肉鲜食，可加工果酒、果酱、钙片等。

种植区域：山西、陕西、内蒙古、宁夏、甘肃、河北、山东、黑龙江、吉林、辽宁等地区。

7 农大03-35（资源）

学　　名：欧李 *Cerasus humilis*（Bge.）Sok.

科　　名：蔷薇科 Rosaceae

属　　名：樱桃属 Cerasus

形态特征：落叶灌木，半直立株型，花期4月中旬至5月初，果期5月至8月中旬。2年生枝灰褐色、1年生枝绿褐色、新梢红绿色，叶片绿色、椭圆形，花白粉色，果实扁球形，果皮紫红色，果肉粉红色，果肉硬、味酸、香，黏核。

利用价值：种仁入药；果肉鲜食，可加工果酒、果酱、钙片等。

种植区域：山西、内蒙古、宁夏等地区。

8 农大07-14（资源）

学　　名：欧李 *Cerasus humilis*（Bge.）Sok.

科　　名：蔷薇科 Rosaceae

属　　名：樱桃属 Cerasus

形态特征：落叶灌木，半直立株型，花期4月中旬至5月初，果期5月至9月中旬。2年生枝灰褐色、1年生枝绿灰色、新梢绿色，叶片绿色、倒卵圆形，花白色，果实扁球形、个大，果皮深红色，果肉粉红色，果肉硬、酸甜适口、香，黏核。

利用价值：种仁入药；果肉鲜食，可加工果酒、果酱、钙片等。

种植区域：山西、内蒙古、宁夏等地区。

9　农大 23-04（资源）

学　　名：欧李 *Cerasus humilis*（Bge.）Sok.

科　　名：蔷薇科 Rosaceae

属　　名：樱桃属 Cerasus

形态特征：落叶灌木，半直立株型，花期 4 月中旬至 4 月底，果期 5 月至 7 月底。2 年生枝灰褐色、1 年生枝绿褐色，叶片绿色、倒卵圆形，花白色，果实扁球形，果皮深红色，果肉红色，果肉软、酸甜适口、香，离核。

利用价值：种仁入药；果肉鲜食，可加工果酒、果酱、

钙片等。

种植区域：山西、内蒙古、宁夏等地区。

10　农大SD（资源）

学　　名：欧李 *Cerasus humilis*（Bge.）Sok.

科　　名：蔷薇科 Rosaceae

属　　名：樱桃属 Cerasus

形态特征：落叶灌木，半直立株型，花期4月中旬至5月初，果期5月至8月中旬。2年生枝灰褐色、1年生枝绿褐色、新梢红绿色，叶片浅绿色、倒卵圆形、大，花淡粉色，果实扁球形、个大，果皮深红色，果肉橙色，果肉硬、酸甜适口、香，

黏核。

利用价值：种仁入药；果肉鲜食，可加工果酒、果酱、钙片等。

种植区域：山西、内蒙古、宁夏等地区。

11　京欧 1 号

学　　名：欧李 Cerasus humilis（Bge.）Sok.

科　　名：蔷薇科 Rosaceae

属　　名：樱桃属 Cerasus

形态特征：落叶灌木，半直立株型，花期 4 月中旬至 4 月底，果期 5 月至 7 月底。2 年生枝灰褐色、1 年生枝绿褐色、新梢绿色，叶片绿色、窄倒披针形，花白粉色，果实扁球形，果皮深红色，果肉红色，果肉硬、酸、香，离核。

利用价值：种仁入药；果肉鲜食，可加工果酒、果酱、钙片等。

种植区域：内蒙古、河北、黑龙江、吉林、辽宁、山西、宁夏、甘肃、新疆、青海等地区。

12　京欧 2 号

学　　名：欧李 Cerasus humilis（Bge.）Sok.
科　　名：蔷薇科 Rosaceae

属　　名：樱桃属 Cerasus。

形态特征：落叶灌木，半直立株型，花期4月中旬至4月底，果期5月至7月底。2年生枝灰褐色、1年生枝绿褐色、新梢绿色，叶片绿色、窄倒披针形，花白色，果实近球形，果皮深红色，果肉粉红色，果肉硬、酸、香，黏核。

利用价值：种仁入药；果肉鲜食，可加工果酒、果酱、钙片等。

种植区域：内蒙古、河北、黑龙江、吉林、辽宁、山西、宁夏、甘肃、新疆、青海等地区。

第二章 苗木快速繁育技术

欧李是蔷薇科樱桃属的一种矮小灌木，虽然是我国一种古老的野生树种，但是欧李作为新型水果，发展历史较短，种植技术和经验积累不够丰富。欧李生产育苗大多采用成本较低的种子播种方式，但明显存在繁殖后代类型繁多、分化变异大等问题，无法进行良种化和规范化生产。近几年，欧李得到大面积推广，欧李苗木需求增大，宁夏地区多采用嫁接繁殖、扦插繁殖和组织培养技术。培育的苗木既能保持优良性状，又能缩短结果前营养生长期，实现早产、稳产和高产，达到快速高效繁育欧李的目的。

1 嫁接繁殖

实生欧李在栽培中经常会面临管理不便、成熟期不一致、费工费时、病虫害难以防控及管理不当，造成的产量低、果实品质差、产量不稳定等诸多问题。通过高位嫁接，使原本低矮树体上的果实远离地面，既有利于机械化管理，又提高了果实品质和产量，适合产业化发展。

1.1 建园

1.1.1 砧木选择

进行欧李嫁接育苗，必须选定合适的砧木，以提高嫁接亲和性与成活率，确保嫁接后苗木能正常生长、结果。山桃、杏、李、毛桃都可作为欧李的嫁接砧木。但许多研究显示，毛桃繁殖速度快、价格低、方便管理，所以多选择毛桃做砧木。

1.1.2 建立砧木园

建立毛桃砧木园，采用桃树常规栽植技术即可。选择地势平坦、有水浇条件、交通方便的地块建园。栽植株行距 1 m×1.5 m，南北行向。毛桃最宜秋栽春整或者春栽秋整。挖深 70 cm、宽 70 cm 的定植沟，每 667 m^2 施入 500 kg 经沤制腐熟的圈肥，掺入 500 kg 铡碎的秸秆，掺匀回填至沟中部，整平后行间做埂浇水。在定植沟上按株距挖定植穴，将砧苗脱去钵皮，带土坨栽植，覆土，浇水。及时划锄，结合浇水施入冲施肥，薄肥勤施。毛桃不耐涝，要做好排水沟。

1.2 嫁接

1.2.1 接穗选择及保存

欧李的接穗应从生长健壮、无病虫害、品种优良、芽眼饱满、适合寒地生长的优良母株上采集。采集生长健壮、芽眼饱满、木质化程度好的 1 年生枝条。枝条粗度 2 mm 左右，采集时不要伤到芽。春天嫁接的接穗应在树液流动前或未萌动前采集。采集后蜡封打捆，挂上标签，冷藏于地窖中待用。定期检查，保湿，防霉烂。夏季或秋季嫁接采用随采随接法。短期保存可将采集的枝条放于盛水的桶中，保持枝条活力，或者用湿报纸包成小捆冷藏保存。

1.2.2 嫁接时间与方法

欧李枝条柔软，嫁接可采用枝接、带木质部芽接等方法。

采用枝接法，一般在春季树木萌动后至展叶前进行。4月中下旬开始嫁接，多采用劈接的方法。嫁接时，剪取接穗的方法为，接穗的长度为8~10 cm，一定要保留3~4个芽，下端两侧削成长1~2 cm的楔形，削面要平滑，上端平剪。砧木宜选长势好、无病虫害的苗木。在砧木距地平面7~10 cm处平剪，剪口要光滑平整，做到随截随接，在砧木剪口处居中的部位纵切2 cm左右，把接穗轻轻插入，紧靠一边，使两者的形成层对齐，然后用塑料条绑紧。为了防止穗条抽干而影响嫁接成活，接穗采用接蜡速蘸方式处理。嫁接成活后，及时解开绑条，去除砧木上的萌芽和基部萌生枝。

采用芽接法，多在6月下旬至8月上旬进行，采用芽贴皮接法。首先在选好的砧木上削出砧木接口，横径在1 cm左右的1年生新枝上均可进行。具体方法为，选择表皮健康光滑的部位，拭擦干净，从下往上起刀，刀刃紧贴木质部，但削时不带木质，向上削2~3 cm，用另一只手摁住削起的皮，将其切断。然后选择生长充实、接芽丰满的当年生枝条作为穗条，在穗条上选择饱满芽进行一刀取接芽。具体操作步骤为，从饱满芽上部1 cm左右处起刀，紧贴木质部向下削，在削芽时要略带木质。在芽下约1 cm处切断皮部，接芽长度要略短于接口。取下接芽贴合于砧木切口，一定要注意方向，芽不能倒置，然后用嫁接绑条由下至上将接芽严密地绑缚在切口上，不留缝隙。

1.3 嫁接后管理

1.3.1 解缚、除萌

成活后要及时除去塑料条，防止塑料条陷入皮层。嫁接后，每隔 5~6 d 清除 1 次砧木上的萌生芽体或小枝。

1.3.2 摘心、绑缚

欧李枝条生长到 10 cm 时，适度修剪，剪除多余的枝条，对位置较好的枝条进行摘心，以利于整形。欧李接穗成活后，生长迅速，嫁接结合处增粗较快，极易形成缢痕，缢痕过深则容易风折，因此需要对新枝进行绑缚。

1.3.3 修剪

欧李嫁接树生长较快，经摘心后迅速长出二次枝条，这是整形的最佳时期。把中间的枝条短截，让其萌发侧枝。砧木周围适当留枝，多余枝条疏除，对枝条稀疏的部位短截，对位置不好的枝条适当短截或中截或摘心。

1.3.4 花果管理

欧李自花授粉坐果率低，建园时应配置嫁接 1/5 同期开花的另一品种，以提高坐果率。1株砧木嫁接同期开花的早、中、晚熟3个品种，可为欧李旅游采摘园延长1个月的采摘期。

1.3.5 病虫害防治

嫁接欧李树的病虫害相对较少，尤其是病害，但是嫁接枝条容易折枝，在伤口处易发流胶病，应注意防治。在展叶初期，喷施多菌灵800倍液1~2次，增强树体的抗病性。早春萌芽前，喷石硫合剂可有效地减少病虫害。虫害主要有桃仁蜂和李小食心虫，尤其是桃仁蜂，把卵产在核仁内，容易被忽视。两者用低残留的杀虫剂均可防治。

2 扦插繁殖

扦插繁殖是植物繁殖的方式之一，是通过截取一段植株营养器官，插入疏松润湿的土壤或细沙中，利用其再生能力，使之生根抽枝，成为新植株。欧李的萌蘖多、发枝率高，可用于扦插的嫩枝也多，繁殖系数相对较高，可大面积繁殖优质欧李苗木。

2.1 品种选择

选择根系发达、抗性强、坐果率高、果个大、酸甜适度、香气浓郁的优良欧李品种，如农大钙果4号等。

2.2 扦插时间

在宁夏，欧李扦插时间以 5 月中旬至 6 月中旬为宜。

2.3 苗床准备

2.3.1 整地做床

原土层为育苗地原土壤，按腐熟农家肥 2 000~2 500 kg/667 m² 均匀撒施于育苗地，之后进行翻耕，翻耕深度 20~30 cm，翻耕后整平，然后铺设 10~15 cm 厚的消过毒的扦插基质。基质一般不宜铺设太厚，否则基质温度过高影响生根。基质层为干净的细河沙，宽 1.2~1.3 m。床面需整理平整，以利于插穗及与土壤紧密接触。若地面渗水性较差，可先在基质层底部铺 1 层 15~20 cm 厚的大砂石做渗水层（包括河沙、蛭石、珍珠岩等），苗床间留 25~35 cm 为操作过道。

2.3.2 苗床消毒

扦插前 2~3 d 采用 30%甲霜恶霉灵 1 500~2 000 倍液或 0.2%~0.3%高锰酸钾溶液对整理好的床面喷淋全湿 1~2 次。

2.3.3 插穗准备

2.3.3.1 枝条采集

在天气晴好的早晨或傍晚，选择无病毒、无检疫性病虫害、生长健壮的植株作为采条母株。从母株上采集粗度>0.3 cm 的健壮半木质化基生枝的新梢作为扦插用枝条，剪取 20~30 cm，带叶。提前准备好水桶，桶中放入清水，采集枝条后，剪口朝下，立即浸入水中，并保存于阴凉处，及时喷水保湿，随用随取。

2.3.3.2　插穗剪取

将枝条剪成长 8~10 cm 的插穗，上剪口距最上部芽 1.0 cm。插穗上部保留 2 片叶，去掉下部其余叶片。细嫩顶梢可适当留长 10~12 cm，保留 3~5 片叶，上剪口切平，下剪口削成 45°斜面。剪好后随即扎捆，将整捆插条浸泡于 50%多菌灵 800 倍溶液中 5 min 消毒灭菌。

2.3.3.3　插穗处理

为提高生根率，插条可用 1 000 mg/L 吲哚丁酸和萘乙酸混合液（吲哚丁酸∶萘乙酸为 3∶7）速蘸 5 s，浸泡深度 2~3 cm，处理后立即进行扦插。

2.3.4　扦插

选择晴天扦插，避免雨天进行。扦插前，将苗床做成 3~5 cm 宽的小垄，插床湿度不宜太大，一般保持 30%~40%的含水量，以防在扦插过程中插条腐烂。扦插时，先用比插穗稍粗的小木棒在小垄上插 1 个小孔，再将插穗插入小孔中，深度 1~3 cm，用手轻轻壅严，压实插条周边的基质。扦插密度为株行距 5 cm × 10 cm。

2.3.5 扦插后管理

扦插后的管理是否得当,直接影响插穗的成活率。为插穗创造良好的生根条件,要从温湿度、光照、追肥、病虫害防治等多方面入手。

2.3.5.1 湿温度管理

扦插后 1~15 d 为愈伤组织形成阶段。可采用微喷装置,使育苗温室内空气湿度为 90%~95%。前 3 天,晴天的白天每 0.5 h 喷雾 1 次,早、晚延长间隔时间;阴雨天根据实际情况减少喷雾次数,不可过多。扦插后 3~15 d,根据苗床湿度情况,每天喷雾 3~5 次,保持叶面不失水、不萎蔫,苗床湿润而不积水。插床温度 22~25℃,温度低于 20℃,插穗不易生根;高于 28℃,易使插穗叶片萎蔫而影响生根。空气温度 25~30℃,温度过高时可覆盖遮阳网或喷雾降温。

扦插后 15~30 d 为生根阶段。可逐渐减少喷雾次数,使育苗温室内空气湿度为 75%~85%,苗床保持湿润而不积水。空气温度 25~32℃。

生根后 1~2 周,继续减少喷水次数和时间。使育苗温室内空气湿度为 50%~70%,以苗床保持湿润即可。空气温度 <35℃。

2.3.5.2 光照管理

光照时间的长短和强弱,对插条生根力影响很大。欧李扦插后 3 d 可见散光,之后逐渐见直射光,中午需要遮光,15 d 后可全天见光。

2.3.5.3 追肥

及时、适量追肥是促进欧李苗快速生长的重要条件。正常通风后，在苗木生长前期，每 15~20 d 喷施 0.2%~0.3%尿素溶液 1~2 次；在生长后期，每 15~20 d 喷施 0.2%~0.3%磷酸二氢钾溶液 1~2 次。每 5~7 d 喷施 1 次叶面肥。

2.3.5.4 病虫害防治

欧李苗期主要病害有立枯病和白粉病。扦插后可采用 50%多菌灵 800~1 000 倍液或 75%百菌清 600~800 倍液于傍晚喷洒插条和基质进行预防，生根前每 5~7 d 喷洒 1 次，生根后每 7~10 d 喷洒 1 次，共喷施 3~4 次。在发病初期，喷施 30%甲霜恶霉灵 1 500~2 000 倍液或 65%代森锌 600~800 倍液防治立枯病，喷施 15%粉锈宁 1 000 倍液或 10%多抗霉素 1 000~1 500 倍液防治白粉病。每 5~7 d 喷施 1 次，共喷施 2~4 次。

2.3.6 炼苗

欧李幼苗通过放风、降温、适当控水等措施的锻炼，可以在定植后迅速适应陆地的不良环境条件，缩短缓苗时间，增强对低温、大风等的抵抗能力。生根 2 周后开始逐渐通风，可采用逐渐加大通风量的方式进行通风，过渡 1~2 周后正常通风。同时继续减少喷水次数和时间，直至正常浇水。

2.3.7 出苗入圃

2.3.7.1 苗圃地选择

选择无检疫性病虫害和环境污染、远离疫区和污染源、交通便利、背风向阳的平地或缓坡地。要求水源方便，排水良好，地下水位在 1.5 m 以下；土层深厚，土壤肥沃，以砂质壤土为宜，pH 为 6.6~8.4；近 3 年内未繁育过果树苗木。经常有牲畜出入的地方要围挡四周，以防受到损毁。根据地力，适当施入厩肥、圈肥等农家肥做底肥，深翻、耙平，做成 1.2 m × (3~4) m 的畦，畦上顺行间隔 30 cm 左右开 4 条沟，沟深 3~5 cm。

2.3.7.2 移栽

在晴天的下午或傍晚进行移栽，不宜在雨天。起苗前 5~7 d 充分灌水，待土壤稍干后起苗，起苗时深度>30 cm，保持根系完整。将起出的小苗按 10 cm 的株距栽植在小沟内，埋土后轻踏小苗周围的土壤，使小苗的根系与土壤紧密接触。栽后及时浇透水。栽植后 1 周内对苗木进行遮阴可有效提高成活率。

2.3.8 运输与贮藏

2.3.8.1 运输

若需长途运输，可将剪下的枝条 50 根捆成 1 捆，立即用浸湿的麻袋包裹，再用塑料布包好遮阴，防止失水萎蔫。每捆都要注明品种、采集地点、采集时间等信息。在运输过程中要经常检查，注意控制湿度，不可过干也不可过湿，同时避免严重挤压。到达目的地后，应立即开包栽植或贮藏。

2.3.8.2 贮藏

起苗后，若苗木不能立即栽植或运走，应假植贮藏或于冷库、冷窖中低温贮藏。假植贮藏时，选背风阴凉、不易积水的地方，挖深40~50 cm的假植沟，苗木倾斜放入沟内，覆土埋严根系，顶梢露出，之后浇透水。寒冷多风时，上面覆盖草帘等以防寒防风，春季土壤解冻后及时移去覆盖物。冷库或冷窖低温贮藏时，温度为−5~5℃，贮藏期间注意保湿与通风。

3 组培繁殖

采用生物、物理、化学等方法减小病毒对欧李苗木生长发育所产生的不良影响收效甚微，因此，通过植物组织培养脱除病毒进行欧李苗木繁殖成为发展趋势。

3.1 外植体准备

3.1.1 选择

欧李的组培快繁一般选取健壮无病虫害的具腋芽的茎段、茎尖、腋芽或叶片作为外植体。同一枝条不同部位的芽，由于芽的异质性和生理状态不同，培养时萌芽率会有较大差异，顶芽以下4~8个节位上的腋芽最适合作为诱导材料。茎段可选择发育充实枝条的上部茎段和枝条发育程度较低的中部茎段，枝条中部的茎段作为外植体较好。

3.1.2 取材时间

适宜的取材时间为 5 月中旬至 6 月中旬。这一时期的腋芽萌发率最高，而且污染率较低。

3.1.3 消毒

将从苗圃取回的外植体剪短成 4~5 cm 的小段，用软毛刷彻底刷去灰尘后，加洗洁精在自来水下冲洗 3 h 以上。在超净工作台上，先置于 70%~75% 的酒精中浸泡 30 s，用无菌水冲洗 3 次，每次 30 s，用 10% 的次氯酸钠冲洗，用无菌水洗 4~5 次，每次 30 s，然后将两端褐化部位剪除至 2~3 cm，用吸水纸吸干多余水分，形态学下端朝下插入培养基中。

3.2 培养基准备

3.2.1 基本培养基

不同的培养基对外植体的启动、继代增殖和生根培养有不同的培养效果。欧李组培快繁一般利用 MS 作为基本培养基，附加 30 g/L 蔗糖和 7.5 g/L 琼脂粉，在此基础上添加 6-BA、NAA 进行启动和继代培养。

3.2.2 植物生长调节剂

通过欧李试管苗生根研究，利用 NAA 或 IBA 或 IAA 可达到良好的生根效果。MS+1.0 mg/L 6-BA +0.3 mg/L NAA 对茎段腋芽有较好的诱导效果。

3.2.3 有机添加物

在试管苗继代增殖的过程中，随着增殖系数的提高，苗的质量逐渐下降，出现苗子细弱、难以生根的无效苗，此时需要进行壮苗培养，或在增殖培养基中添加有机物质，直接生成大量健壮的试管苗。在植物组织培养的过程中，常见的有机添加物有椰乳、马铃薯汁、香蕉汁、苹果汁、蛋白胨、水解乳蛋白等。

3.3 培养条件

在培养条件中，温度和光照对培养效果的影响较大。欧李培养温度在 20~25℃范围内，光照强度为 2 000~3 000 Lx，光照时间 12 h。

3.4 炼苗与移栽

经过一系列的瓶内培养后，生根的试管苗在根系长度 0.5~1.0 cm 时要进行炼苗驯化。一般在移栽前 1 周开始炼苗，使试管苗逐渐适应外界条件，移栽前要将根系上的培养基清洗干净，并尽量保证不伤到根系。移栽基质要求具备良好的通透性和一定的缓冲能力。欧李喜中性至微碱性的土壤，采用碱性较强的珍珠岩与草灰、田园土按一定比例混合的移栽基质，移栽成活率较高。移栽用的基质需要进行高温或药剂灭菌。用珍珠岩+草炭（1∶1）或蛭石+珍珠岩+草炭（1∶1∶1）这2种移栽基质效果较好，移栽成活率均>80%。移栽后保持温度在20~25℃，空气湿度为80%左右。欧李耐旱不抗涝，移栽后要尽量减少浇水次数和浇水量，以免烂根。

第二章 建园技术

1 园址选择

园址的选择十分重要，对后期果园的管理和经济效益有长期影响。

1.1 远离污染源

（1）大气污染，如硫酸厂、化肥厂、铜铁厂、冶炼厂等厂矿排放的氟化氢、硫化氢、臭氧、氮化物、氯气等。

（2）水体污染，如河水、地下水、地表水的污染，特别是工业废水、城镇生活污水，用这样的水质灌溉果园易造成土地污染，影响果树生长发育。

1.2 生态条件适宜

（1）气候适宜。生长期日照时间的长短对植株的生长发育有很大的影响，适合建欧李园的区域全年日照时间要尽可能的长，最好在 2 200 h 以上。欧李生长需要有比较明显的四季变化。秋季温暖的地区常有严重的二次开花现象，所导致的生理紊乱会使欧李不能正常挂果。欧李在无霜期 120 d 以上的地区即可正常生长。虽然欧李的自然休眠期较短，但在冬季温暖的地区建园要慎重。如果冬季 0~10℃的时间不足 800 h，则可能造成欧李休眠不足，导致开花不整齐，生长弱，产量低。

（2）地势适宜。尽量避免在谷地、山地或洼地下部，那里易积聚冷空气,引起霜冻和抽条。同时较大的机械难以在这些区域作业,工作效率偏低,给排工程、道路建设等成本相应提高。平地和坡度<25°的山地均可建园。

(3) 建园前,首先应检测、分析园地土壤理化性状,土质应尽量避开黏土、涝洼地(排水不良的地),选择壤土或轻砂壤土;其次土壤 pH 在 6.6~8.5 为宜,通过宁夏地区欧李盐胁迫试验(见表3-1),土壤含盐量以<3%为宜,在农田建园还应检测土壤农药残留量。

表 3-1 不同浓度的 NaCl 处理萎蔫程度调查

处理	日期(月-日)		
	07-4	07-11	07-25
1(盐 0%)	新鲜	新鲜	新鲜
2(盐 1%)	新鲜	新鲜	3 d 后 10%叶片变干变红,并有少量新叶发出
3(盐 2%)	6 d 后 10%叶片变干变红	8 d 后 30%叶片变干变红,并有少量新叶发出	18 d 后 60%叶片变干变红,新叶长势衰弱,少数树枯萎
4(盐 3%)	3 d 后 30%叶片变干变红	10 d 后 50%叶片变干变红,并有少量新叶发出	15 d 后 80%叶片变干变红,新叶长势衰弱,多数树枯萎

(4) 有水浇条件。栽植果树首先要保证水浇条件,特别是密植果树,土质和水源是果园的先决条件。

尽可能集中连片,便于规模化经营、机械化操作,这也是未来果业发展的必然趋势,在栽植前就应做好长远打算。

2　园地规划与设计

2.1　园地规划

园地规划主要包括防护林的营造、道路的修筑、栽植区的划分、灌溉和排水系统的设置以及管理设施和场所的建设等。规划大面积果园时，要利用测量仪器进行实地测量，绘制地形图，根据规划内容要求，进行合理设计。

2.1.1　防护林的营造

建设果园时，都应该合理设计和营造防护林。在果园迎风口，选择生长快、与欧李无共同病虫害的高大树木做防风林，一般 5~8 行。可选择的树种有法国梧桐、银杏、臭椿、香椿、柿树、核桃树、枣树、山杏等。

2.1.2　道路的修筑

果园的作业道路是实现机械化作业的基础，道路的设计与修筑要以节约土地和施工量，又能发挥机械作业的效率为出发点，主要包括大路和小路 2 种。大路一般修筑在栽植大区之间、林带一侧，能并排通行 2 辆机动车；小路修筑在大区之内、小区之间，其宽度以能通行果园作业机械为宜。

2.1.3　栽植区的划分

栽植区是欧李园的基本构成单位，要本着因地制宜的原则，同一栽植区的地形、坡向以及土壤条件要求基本一致，山丘地栽植区应与等高线平行。小区的面积应根据地形确定，一般平原区较大，为 3.33~6.67 hm^2；山地区较小，为 0.67~1.33 hm^2。总的来说，小区划分的原则为随形就势、方便管理。

2.2 品种选择与授粉

2.2.1 品种选择

欧李品种主要分为 3 类：鲜食型、加工型和兼用型。目前宁夏地区主要是农大系列品种，还有少量京欧系列品种，包含加工及鲜食品种。建园时可根据实际情况及发展需要确定种植品种。

2.2.2 授粉

欧李自花授粉会降低结果率，因此应采取异花授粉方式，需要人工授粉或放蜂。若花粉较少或因下雨导致土壤湿度增加，均会影响授粉效果，最终使坐果率受到影响。为了做好辅助授粉工作，应采取以下措施。

（1）授粉树的选择和配置。

授粉树应该具备以下条件：与主栽品种授粉亲和力强；与主栽品种花期一致，花粉量大，花期长，容易成花；授粉品种有较高的经济价值，与主栽品种能相互授粉，果实的经济价值较高；对当地的环境条件有较强的适应能力，树体寿命长；建园时必须有2个以上的品种相互搭配，以利于授粉，授粉树比例不小于20%，按比例隔株栽植或隔行栽植。欧李主要品种的适宜授粉品种见表3-2。

表3-2 欧李主栽品种和授粉树品种

主栽品种	适宜的授粉品种
农大4号	农大3号、农大5号
农大6号	农大4号、农大5号
农大7号	农大4号、农大5号
京欧1号	京欧2号、农大3号
京欧2号	京欧1号、农大3号
燕山1号	农大3号、农大5号

(2) 辅助授粉。

① 人工授粉：若花量较少，可将花粉蘸取到毛笔上，并在花果柱头点授。通常情况下，点授效果最好的时间为开花后1~2 d，最好选择在晴天10:00 — 17:00进行。若花量较大，可使用机械喷粉、鸡毛刷滚授等方法。果农可自行制作授粉器，选择直径为3 cm、长度为1.2~1.5 m的竹竿或木棍，将塑料泡沫（0.5 m左右）固定于一段，然后将干净的纱布包裹在泡沫塑料上，轻轻擦拭授粉品种与主栽品种，交替进行，进而起到授粉效果。

② 放蜂授粉：放蜂有利于授粉受精，在初花开到10%时，可在欧李园放养蜜蜂或壁蜂进行传花授粉，通常每公顷放养

4 500~7 500 只蜜蜂或壁蜂。放蜂时间主要在 12:00 以后（下午），这段时间温度较高、湿度较小、光照充足，适宜花粉的风传和蜜蜂的活动。

3　苗木定植

3.1　定植

欧李一般在休眠期栽植，这时苗木体内贮藏养分多，水分蒸发量小，断根易恢复，苗木栽植成活率高。定植时间为秋季落叶后或春季萌芽前。由于宁夏地区冬季干旱寒冷，秋栽易发生生理干旱或冻害而影响成活率，所以宁夏地区以春栽为宜。

（1）秋栽：最佳秋季栽植时间为 10 月欧李落叶后至 11 月土壤封冻前。秋栽最晚保证苗木栽后再生长 1 个月，以利于小苗的充分木质化和安全越冬。裸根苗、营养袋苗可在秋季栽培。

（2）春栽：春季栽植宜早不宜晚，在土壤解冻、苗木萌芽前进行。宁夏地区一般在 3 月中上旬进行春栽。苗木需在春季出圃前进行假植。

3.2　栽植密度与栽培模式

3.2.1　栽培模式

欧李是矮生小灌木果树，既可以利用桃砧等高位嫁接，又可进行乔化栽培。在发展商品基地时，要根据不同的立地条件、回报周期、更新周期和植株高矮，灵活选择不同的栽培密度和栽培模式。栽培模式主要有以下 5 种。

(1) 常规密度栽培：0.5 m × 0.5 m，每 3~4 行为 1 带，带距 2~3 m。每 667 m² 栽 2 500 株。此模式见效快，便于管理，后期可间伐。

(2) 宽窄行密植模式：每带 2 行，宽行 1.5~2.5 m，窄行 0.5~1 m，每平方米栽 880~1 300 株。由于带状栽植通风透光良好、管理方便、维持年限长，是较为理想的栽培模式。目前宁夏大部分欧李种植区采用此模式。

(3) 地埂栽培模式：利用地埂边缘空地栽培，可充分利用空间获得较高效益。

(4) 高矮间作模式：此模式是将高位嫁接的欧李栽植成行，株行距为 3 m × 4 m，行间栽植欧李自根苗。此方法能充分利用高低空间，改善通风透光条件，可获得较高效益。

(5) 高位嫁接模式：在耕地少的地区采用果粮、果菜、果药等间作模式，株行距根据实际情况设定，利用收获期不同的时间差来获得高效益。与欧李间作的作物要求低矮，且与欧李没有共同的病虫害，也没有严重的争肥问题。

3.3.2 土地整理

在选定的栽植地块进行整地，要整地细碎，拣净根茬、石块、杂草等杂物。使用机械对土地进行平整，达到苗木栽植和滴灌设备使用标准。使用经纬仪确定方向（行向南偏东 10°~15°），开挖定植沟（深 60~80 cm，宽 60 cm，定植沟间距 2.5 m）。在定植坑内，与原土混合填入玉米秸秆、有机肥（3~5 t/667 m²）和生物菌剂（1~3 kg/667 m²）。沿定植沟中央行向固定布设滴灌管，定植前对定植沟内进行滴水，保证土壤墒情，在田间持水量为60%左右（把土握成团，一触即散）。

3.3.3 苗木准备

苗木栽植前需进行质量分级、品种核对，剔除伤病苗。苗木规格要求为裸根苗要求株高>30 cm，主茎充分木质化，基部直径>0.3 cm 的 1 年生或 2 年生苗木，根系>25 cm，无病虫害和明显伤害；当年育苗、当年定植可用容器苗，要求株高>15 cm，根系>15 cm。因远距离运输而失水的苗木要立即解包浸根 1 个昼夜，失水严重时，用25℃左右的温水浸泡有较好的效果。定植前应对伤根进行修剪，以利于伤口尽早愈合，预防感染病虫害。同时，用萘乙酸、生根粉等浸根有利于提高成活率。

3.3.4 定植操作

定植时，根据苗木根系的大小，对沉降后的定植沟深挖或再次回填至所需要的深度，将苗木放入定植沟，扶正，根系向两边散开，用表土回填。填到一半时用手轻提苗木，轻踩两边土壤，使根颈部与地表保持平行，然后继续回填至与地面平行。

3.3.5 定植后管理

定植后立即滴水,保持根系 10~15 cm 的土壤湿润,定植沟水分田间持水量以 80%~90% 为宜,一般为 10~15 m^3/667 m^2。5~7 d 进行第二次灌水(第一年欧李根系较小,尽量小水勤滴,保证存活),一般为 7~10 m^3/667 m^2。定植后将苗木从距地面 15~20 cm 处短截,促发基生新梢。

第四章 水分管理

水是构成欧李有机体的重要组成部分，只有充满水分，欧李生长点的细胞才能进行细胞的分裂和增大，植株才能正常生长。同时，水能起到降温、御寒和调节土壤环境的作用。欧李生长发育各个时期对水分的要求差异较大，特别是果实膨大期、花芽分化期的水分调控是高产的重要措施之一，适宜灌溉水平是欧李果实品质优劣的重要影响因素，灌水过多或亏缺均会抑制欧李植株、果实及根系生长发育。

因欧李具有较强的耐旱性，在干旱地区种植具有较高的生态和经济价值。欧李作为生态防护林时，干旱与半干旱地区的干旱少雨、风大沙多、日照充足、蒸发强烈等条件，对于抗旱性强的欧李植株生长及果实品质具有很好的促进作用。欧李作为经济林果时，精准灌溉就成为决定果实品质等级和产量的关键因素之一。

1 生育期水分调控

欧李的耗水量在不同生育期有明显差异，因此灌水量需要根据种植区的实际情况进行调控。土壤质地对滴灌灌水参数的影响很大，砂性土壤种植区应本着增大滴头流量、缩短滴灌时间的原则。黏性土壤种植区应本着减小滴头流量、增长滴灌时间的原则。气温过低的种植区在萌芽期应低频次灌水，气温高的种植区在结果期应适当减少灌水定额、提高灌水频次，总体保持年灌溉定额水平，同时根据土壤类型及湿润层深度适当调整灌水量。

1.1 萌芽前灌水

欧李萌芽前,土壤含水量处于较低水平,不能达到萌芽期植株耗水量,应灌一次透水,确保根系湿润层土壤含水量达到田间持水量的75%~80%,以满足植株对土壤水分、湿度、温度等的要求,为欧李萌芽开花、坐果、基生枝和新梢发育生长创造有利条件。

图4-1 萌芽　　　　　图4-2 开花

1.2 新梢生长和坐果期灌水

该时期一般从欧李开花后半个月左右开始,是欧李需水关键期,缺水会出现生理落果,降低坐果率,抑制新梢生长及基生枝条萌发,直接导致当年产量下降,同时也对来年选取的基生枝条长势产生不利影响,间接导致来年果实产量下降。本时期的灌溉水量应保证主根系湿润层土壤含水量达到田间持水量的70%左右。

图 4-3 新梢生长和坐果

1.3 转色期灌水

该时期一般在 8 月上旬至 8 月中旬。因气温偏高或偏低，该生育期出现提前或推后现象，因此必须充分灌溉，保证土壤含水量达到田间持水量的 75%~80%，以确保土壤湿润。种植局部区域内具备良好的生态环境，有利于果实转色集中、均匀，品相美观。

图 4-4　转色前　　　　　图 4-5　转色后

1.4　果实膨大期灌水

该时期一般在 8 月下旬。因气温偏高或偏低，该生育期出现提前或推后现象。不同品种的果实膨大期不一致，授粉树的果实膨大时间（农大 7 号）要早于主栽树（农大 4 号）。该时段必须充分灌溉 1 次，保证土壤含水量达到田间持水量的 75%~80%，以确保土壤湿润。种植区域内具备良好的局部生态环境，有利于果实转色集中、均匀，品相美观。

1.5　冬灌

该时期为在土壤封冻前充足灌水，北方地区一般在 10 月下旬进行。考虑到北方地区冬季干燥、风沙较大，表层土壤及水分易流失，灌木枝条易失水分且御寒能力下降，该时期充足的灌溉，有利于封冻浅层土壤以减少土壤的水分蒸发；提高果树的抗寒能力，起到保温、保湿、防冻的作用；可使欧李生育期内未被吸收的肥料再次吸收，以提高肥料的吸收利用率；增加土壤的含水量，以避免果树因生理失水而引起干冻；可以有效防治病虫害。

北方地区此时天气转冷，封冻前可供灌溉的地表来水丰沛且清澈，有利于充足灌溉，一般灌水定额为 40 $m^3/667\ m^2$ 左右，需根据土壤类型、土壤含水量、地下水位埋深及气候状况等因素进行相应调整。

2 需水规律研究

2020 年 3—10 月，在宁夏农垦简泉农场欧李栽培技术核心示范区，以 3 年生欧李为研究对象，品种为农大 4 号、农大 6 号。农大 4 号与农大 6 号作为主栽品种与授粉品种，栽培比例为 4∶1，每 8 行农大 4 号接 2 行农大 6 号。种植方式为宽窄行，宽行 2.0 m，窄行 0.4 m，欧李株距 0.7 m，滴灌带铺设方式为 1 带 2 行，滴头流量 2.4 L/h，滴头间距 0.3 m。

2.1 试验设计

试验设计为单因素试验，以灌水定额为因素，设定 8 个水平，分别为 M1：4.1 $m^3/667\ m^2$、M2：6.2 $m^3/667\ m^2$、M3：8.2 $m^3/667\ m^2$、M4：10.3 $m^3/667\ m^2$、M5：12.3 $m^3/667\ m^2$、M6：14.4 $m^3/667\ m^2$、M7：16.4 $m^3/667\ m^2$、M8：18.5 $m^3/667\ m^2$。8 个

水平,每次灌水时间分别设定为 2 h、3 h、4 h、5 h、6 h、7 h、8 h、9 h;灌水周期为 10 d 左右(如遇大降雨,灌水日期延后 1 d),每个处理 3 个重复,共 24 个小区,每个小区由 5 根滴灌带控制 10 行欧李(8 行农大 4 号和 2 行农大 6 号),小区长度 10.0 m,小区面积 120 m²。灌溉水源为井水,灌水量从试验小区进口处的电子水表读取,安装压力表保证灌水压力恒定。试验区地下水埋深 2 m 左右,土壤质地为砂壤土。通过试验确定大田欧李适宜的灌溉制度。

2.2 测定项目及方法

2.2.1 欧李生育期的测定

随机选取试验小区内 9 株代表性强的欧李树进行标记,连续记录欧李树的生长生育情况。以标记树萌芽、开花、结果、转色、成熟数量达到 60%进行统计,确定不同生育期。

2.2.2 土壤物理性质的测定

土壤初始养分观测。在距欧李树 20 cm 左右处,取地表以下 20 cm、40 cm、60 cm、80 cm 土层深度,每个土层取 3 份混合后在实验室内测定。氮的测定采用碱解扩散法;速效磷的测定采用碳酸氢钠浸提——钼锑抗比色法;速效钾的测定采用乙酸铵浸提——火焰光度法;有机质的测定采用重铬酸钾容量法;pH 用 PHS-3C 型精密 pH 计测定;全盐用电导率仪测定;土壤干容重、田间持水率的测定采用环刀法。

2.2.3 环境因子的测定

访问当地气象站，获取试验区气候指标（降雨量、日平均气温等）。有效降雨量根据降雨量与次降雨有效利用系数求得 $P_0=\alpha P$，一般认为一次降雨量<5 mm 时，α 为 0；当一次降雨量在 5~50 mm 时，α 为 1.0~1.08；当次降雨量>50 mm 时，α 为 0.7~0.8。在本试验数据分析中，当一次降雨量在 5~50 mm 时，α 取 1.0；当次降雨量>50 mm 时，α 取 0.7。环境因子测定数据与耗水量的计算相关。

2.2.4 形态指标的测定

自欧李萌芽期至果实成熟收获，每隔 10 d 测定 1 次。测定指标为株高、枝条长、冠幅。每组处理标记 5 株果树，连续监测。

2.2.5 产量构成因素指标的测定

在果实成熟期，对各处理欧李果实分别进行采收。每个小区测定 5 株果实的单枝果重量、单株果重量、果实纵横径、结果位长、结果枝数目、基生枝数目、产量（单株结果重量×面积系数）。

2.2.6 品质指标的测定

总糖的测定采用蒽铜比色法；有机酸的测定采用酸碱滴定

法；可溶性固形物采用 WYT-J 型手持糖度折光仪测定，每个处理中选取 3 个果实测定，取平均值。

2.3 结果与分析

2.3.1 数据处理方法

整理试验数据后，使用 WPS2019 软件和 SPSS14.0 软件进行方差分析。

2.3.2 土壤及气象基础数据分析

图 4-6 为《试验地 3—9 月日平均气温与有效降雨量统计图》。试验区内 3 月日平均气温 8.2℃，4 月日平均气温 13.5℃，5 月日平均气温 20.6℃，6 月日平均气温 24.65℃，7 月日平均气温 26.2℃，8 月日平均气温 23.5℃，9 月日平均气温 18.7℃。日平均气温随月份的变化呈两头低中间高的趋势，3—6 月逐渐增大，7 月达到日平均气温最大值 26.2℃，随后开始逐渐减小，到 9 月中旬降至 18.7℃。这与我国北方气象状况相符合。

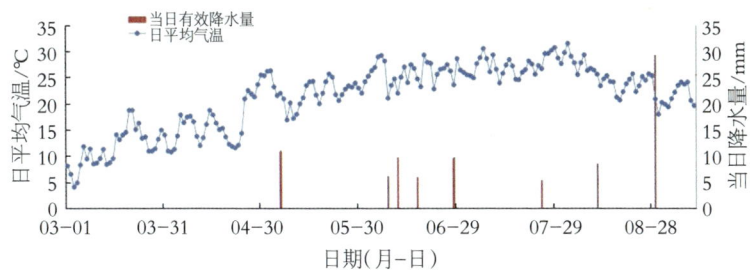

图 4-6 试验地 3—9 月日平均气温与有效降雨量统计图

从有效降雨来看，降雨主要集中在 5—9 月，其中 5 月降雨 1 次 11.6 mm，6 月降雨 4 次小计 31.6 mm，7 月降雨 1 次 5.3 mm，8 月降雨 2 次小计 37.6 mm，9 月降雨 0 次，共计有效降雨量 86.1 mm。

2.3.3 不同灌水处理对欧李形态指标的影响

作物株高是反映作物全生育期营养输送优劣的重要指标。本次试验每个小区在选取 5 株固定监测欧李树时，以长势好、结果枝壮为原则，但在前期，各处理株高仍存差异。

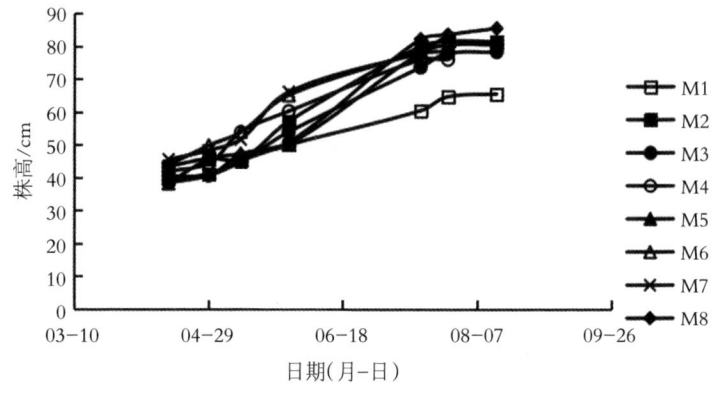

图 4-7 不同灌水处理对欧李株高的影响

由图 4-7 可以看出，各处理株高增长趋势均为先慢再快后慢，后期逐渐放缓甚至停止增长。由图 4-8 可以看出，总体上，5 月上旬前株高指标增长平稳，进入 5 月中旬株高增长速度显著加快并持续到 7 月下旬，8 月上旬后株高增长明显放缓，8 月中旬后基本停止，表明该时期植株营养大部分转化为果实干物质积累。不同处理株高表现为，M8显著高于其余处理，M1最小，与其他处理差异显著。M2、M3、M4、M5、M6、M7在果实成熟前无显著差异。具体表现为，M6增长趋势最强，M8和M7增长趋势次之，M1增长趋势最弱。这表明不同灌水处理条件下，适宜水分条件更有利于植株生长，而水分胁迫过度就会抑制植株正常生长。

通过监测固定枝条，可以直观地分析出不同灌水处理条件下，植株在各生育期生长变化对水分的依赖程度。因在选择监测枝条时，每颗植株开始时均有差异，表现为起始观测值差异化明显，随着灌溉水平的变化，枝条生长量也表现出明显差异。枝条生长趋势总体表现为平稳，后期在水分胁迫过度时停止增长，水分充足时仍在增长，但增长趋势减弱。

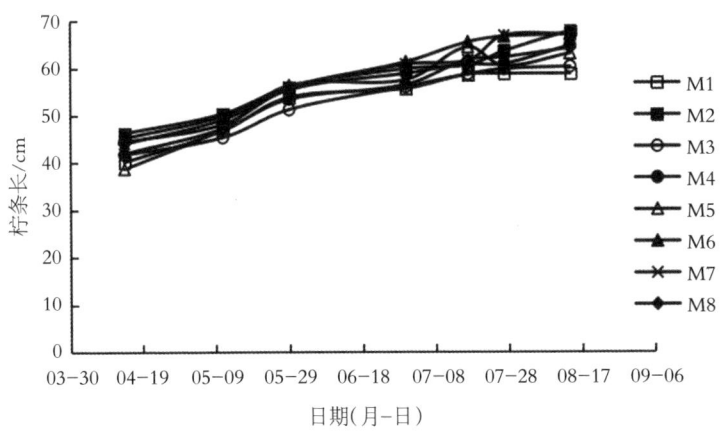

图4-8 不同灌水处理对欧李枝条长的影响

由图4-8可以看出，7月下旬前各处理观测枝条增长速度较快且趋势平稳，8月上旬后随着水分胁迫加剧，株高生长被抑制程度加大，尤其是M1表现明显，已停止生长。具体表现为，M6增长趋势最强，M5和M8增长趋势次之，M1增长趋势最弱。这表明，在不同灌水处理条件下，适宜灌水量更有利于植株枝条生长，而水分胁迫过度会抑制枝条生长。

欧李作为灌木，开始时所有枝条均能直立，随着果实重量的增加，大部分挂果枝条开始倾斜，挂落量越多，倾斜度越大，后期平铺于地面，所以欧李冠幅变化较大。冠幅趋势总体表现为先激增后平稳增加，但在水分胁迫过度时，中后期增长趋势明显放缓。

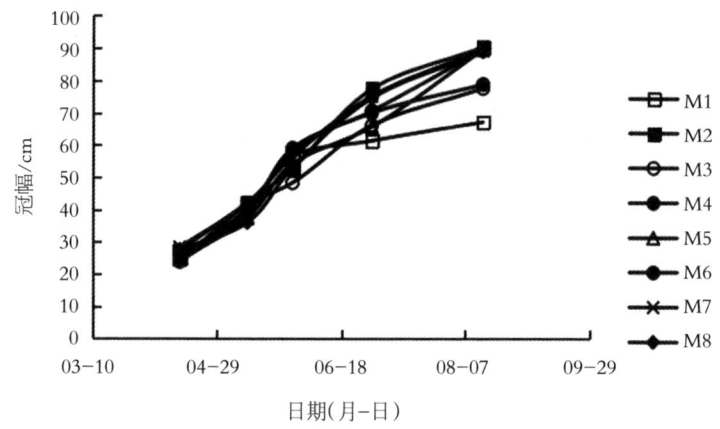

图4-9 不同水分处理对欧李冠幅的影响

由图4-9可以看出，5月下旬前灌水量达到适宜或充足均能使冠幅迅速增大，而灌水量不足时冠幅增幅明显放缓，7月上旬后各处理冠幅增长速度较快且趋势平稳，8月中旬后果实逐渐成熟吸收大量养分，冠幅基本无增大。具体表现为，M6 增长趋势最强，M8 和 M5 增长趋势次之，M3 增长趋势明显放缓，而 M1 增长趋势最弱。这表明在不同灌水处理条件下，适宜灌水量更有利于植株冠幅增大，而水分胁迫过度会抑制欧李植株生长。

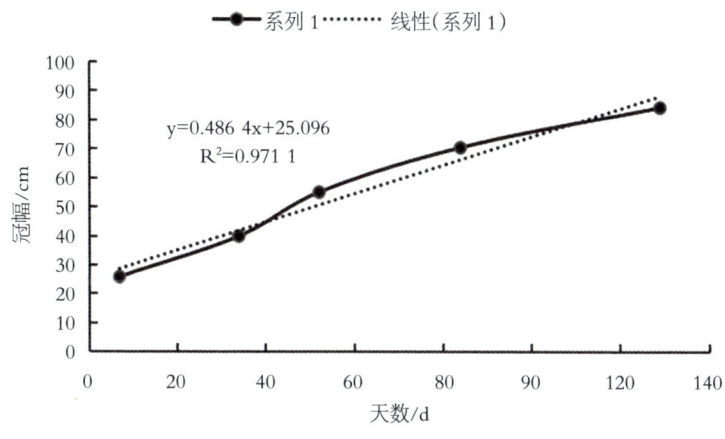

图 4-10　欧李生育期冠幅变化过程图

取 8 个处理在不同测定日期的冠幅平均值作为此品种欧李的冠幅，得出欧李生育期冠幅变化过程图。由图 4-10 可以看出欧李枝条长与萌芽后天数呈一次函数关系，函数关系式为 $y=0.017\ 59x+42.877$，$R^2=0.966\ 9$（y 为冠幅，x 为萌芽后天数）。

2.4　不同灌水处理对品质的影响

由表 4-1 可以看出，在不同水分处理条件下，单果重表现为 M1 与 M5、M4 构成显著差异，M8 与 M5、M4 之间构成显著差异。随着灌溉定额的增加，欧李的单果重呈单调递增趋势，单果重范围为 2.71~7.85 g。M8 的单果重达到最大值 7.85 g。

表 4-1 不同水分处理对欧李果实品质的影响

处理	单果重/g	横径/mm	纵径/mm	总糖/%	总酸/$(g·kg^{-1})$	维生素 C/$(mg·100\ g^{-1})$	钙/$(mg·kg^{-1})$
M1	2.71 c	15.84 b	17.39 c	8.8 a	21.6 a	24.63 a	455 a
M2	3.83 bc	17.58 ab	20.53 bc	8.7 a	19.5 a	24.32 a	443 a
M3	4.47 bc	18.17 ab	20.58 bc	8.6 a	19.5 a	24.08 a	427 a
M4	5.11 b	18.70 ab	21.33 b	8.7 a	19.3 a	22.58 ab	423 a
M5	5.52 b	18.71 ab	21.37 b	8.7 a	18.5 ab	22.49 ab	386 b
M6	6.00 ab	18.87 ab	21.56 ab	8.7 a	18.3 ab	2.37ab	366 b
M7	6.22 ab	18.90 ab	22.36 a	8.7 a	18.3 ab	21.68 ab	336 b
M8	7.85 a	19.4 a	23.02 a	8.7 a	17.0 b	19.42 b	308 b

对耗水量（ETc）与单株产量（Ys）进行分析，确定耗水量与单株产量符合线性关系，如图 4-11 所示，方程可以表示为 $Ys=0.205ETc+0.561\ 2$，$R^2=0.957\ 4$。

欧李果实横、纵径随着水分供应的增加而增大，并且横径均小于纵经，说明成熟的欧李果实呈直径小于高度的近圆柱状。因此，水分亏缺会影响果实横、纵径的生长，进而造成欧李果实单果重的减小。水分亏缺对欧李果实总糖含量影响不大，各处理总糖含量在 8.6%左右。水分亏缺会增加果实总酸含量，其中 M1、M2、M3、M4 与 M8 之间构成显著差异。水分亏缺会

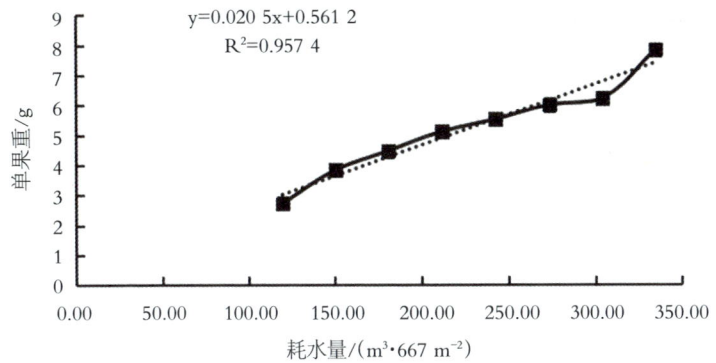

图 4-11 欧李耗水量与单果重的关系

增加果实中的维生素 C 含量，M6、M7、M8 与 M1 呈显著差异。水分亏缺会增加果实中的钙含量，M1、M2、M3、M4 与 M5、M6、M7、M8 呈显著差异。

2.5 不同灌水处理对产量及水分利用效率的影响

由表 4-2 的数据分析结果看，随着灌溉定额的增加，欧李产量呈现先增大后减小的趋势，耗水量随灌溉定额的增加而增加，水分利用效率呈递减趋势。这说明对于滴灌条件下的欧李来说，水分过量供应并不一定能够保证欧李高产和高水分利用效率，水分亏缺可以实现欧李的高水分利用效率，但产量相对较低。

分析试验处理的欧李产量（Y）与耗水量（ETc）数据，可以得出欧李产量与耗水量间为二次函数关系：$Y=-0.025\,2ETc^2+13.916ETc-553.85$，$R^2=0.986\,2$。

表 4-2　不同水分处理对欧李产量及水分利用效率的影响

处理	灌溉定额/ ($m^3 \cdot 667\ m^{-2}$)	耗水量/ ($m^3 \cdot 667\ m^{-2}$)	产量/ ($kg \cdot 667\ m^{-2}$)	单株 果重/g	单枝 产量/g	水分利用效率/($kg \cdot m^{-3}$)
M1	61.57	119.57	688	536.54	178.85	5.74
M2	92.35	150.35	840	654.87	218.29	5.57
M3	123.14	181.14	980	764.02	254.67	5.4
M4	153.92	211.92	1120	873.16	291.05	5.27
M5	184.71	242.71	1168	910.58	303.53	4.8
M6	215.49	273.49	1200	935.53	311.84	4.38
M7	246.28	304.28	1125	877.06	292.35	3.69
M8	277.06	335.06	1027	800.29	266.76	3.06

二次函数关系存在一个极大值,即抛物线顶点处,该处欧李产量(Y)达到最大值,此时的耗水量为欧李的作物需水量。

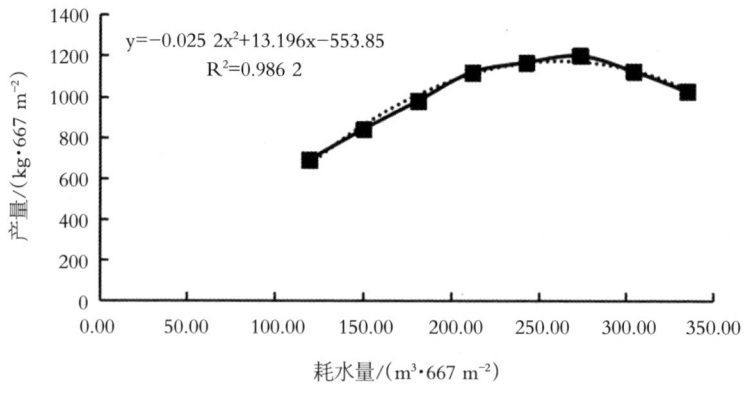

图 4-12　欧李耗水量与产量的关系

如图 4-12,利用二次函数的性质,计算得出 ETc(Y_{max}) =

262.22 m³，Y_{max}=1 173.63 kg。这说明 ETc 为 262.22 m³/667 m²，是欧李充分灌溉与非充分灌溉的临界点。少于 262.22 m³/667 m² 为非充分灌溉，超过为过量灌溉。

表 4-3 宁夏中北部地区（平水年）欧李灌溉制度

生育期	时间	灌水定额/ (m³·667 m⁻²)	灌水次数	灌水量/ (m³·667 m⁻²)	备注
开花萌芽期	4月中旬至下旬	13~14	2	26~28	5~10 cm 土层地温>10℃时灌水
坐果期	5月上旬至8月上旬	14~15	10	140~150	
转色期	8月中旬	14~15	1	14~15	
膨大期	8月下旬	14~15	1	14~15	
小计			15	207~219	
冬灌	10月下旬	40	1	40	
合计				247~259	

2.6 小结

为提高欧李产量和品质，需在植株关键生育期充足灌溉，依据欧李的需水量及有效降水量，制定适宜的灌溉制度。在实际操作中，要根据本地实际情况适当进行调整。

以宁夏中北部地区平水年欧李灌溉制度为例，如表 4-3，平水年灌溉定额一般为 207~219 m³/667 m²（不含冬灌），其中萌芽前至结果期结束灌水 2 次，灌水定额为 13~14 m³/667 m²；坐果期灌水 8~10 次，灌水定额为 14~15 m³/667 m²；转色期和膨大期各灌水 1 次，灌水定额为 14~15 m^3/667 m^2；灌水周期为 8~20 d（随温度升高增加灌水频次）。

因不同年份降水差异较大，对欧李生长发育影响明显，遇到枯水年、丰水年时要相应调节关键生育期的灌水定额、灌水延续时间和灌水周期。在平水年份的灌溉量基础上，遇到枯水年份时，在欧李植株需水量大的坐果期增加 2 次灌水，增加水量 28~30 m^3/667 m^2；而丰水年份则适当在坐果期减少 1 次灌水，同时各生育期的灌水定额适当降低。为确保欧李来年能较好生长并防治病虫害，需在封冻前进行充分灌溉。

图 4-13　试验小区布设

图 4-14　数据采集

3　滴灌水肥一体化技术

滴灌水肥一体化技术就是通过滴灌系统，将高效施肥与精确灌溉同步进行的集成技术，使作物在吸收水分的同时吸收养分。多项研究数据表明，应用滴灌水肥一体化技术可使田间水分利用率达 90%，相对于地面灌溉 50%~60%的田间水分利用率，滴灌节水效益更加明显。同时滴灌系统在灌溉时可使速溶肥按照欧李各生育期的需肥量随水进入根系区域，在减少化肥使用量的前提下，又确保了根系更充分地吸收养分，与传统灌溉方式和施肥技术相比，化肥用量减少 40%~50%，肥料利用率提高 20%~35%。

滴灌水肥一体化技术的广泛推广与应用对我国北方农业现代化发展有着举足轻重的作用。在北部干旱与半干旱地区，水资源匮乏始终是农业现代化发展的制约因素。滴灌水肥一体化技术的大面积应用是提高水资源利用率、持续推进节水农业高质量发展的必要技术措施。

欧李滴灌水肥一体化技术与欧李栽培技术的有机融合，结合其耐寒、耐旱且对土质要求不高等特点，作为经果林进行示范推广，在北部干旱与半干旱地区具有较高的生态效益和经济效益潜力。

4 滴灌水肥一体化系统运行管理

4.1 总体要求

在滴灌水肥一体化系统运行管理中，应严格遵守统一制定轮灌制度、统一滴水施肥、统一泵站管理、统一田间阀门控制的运行管护规定，做到按实际计算确定的轮灌制度进行灌水、滴肥，并配置专业人员进行电气和首部设备的启闭。非灌溉期全系统检修，冬季做好御寒防护及切断电源等安全保护措施。

4.2 管理团队

建立健全系统运行管理团队，细化分工，明确责任。农业专业团队应根据各种作物和各生育阶段的特点、土壤质地和种植区的实际制定相应的灌溉、施肥制度。水利专业团队负责各滴灌系统轮灌制度的制定，负责滴灌工程资产管理、操作运行技术指导和培训、技术服务以及制定相关制度和标准。具体业务团队负责滴灌资产管理，首部设备操作维护，田间管网闸阀的开启操作，建立好运行档案，及时准确地填报技术资料和报表，对滴灌设施要勤检查、勤保养，及时排除故障，确保滴灌系统正常运行。质量监督专业团队负责监督系统运行管理责任的落实情况。非本系统专业管理团队人员不得擅自开关阀门和电气设备。

4.3 轮灌制度

滴灌系统严格按照轮灌制度进行操作，杜绝低压或超负荷运行。根据滴灌系统控制的灌溉面积、作物不同生育期需水量，结合实际，科学规划，按照系统压力平衡计算和水量平衡计算，逐级划分轮灌组和轮灌小区，制定各个轮灌小区运行的启闭时间，确定轮灌制度，并根据实际运行情况实时监测与调控。

轮灌是以某一级管道连续供水为基础，将其下一级管道供水灌溉的范围划分为多个灌溉区域，分组、分次运行。在划分轮灌组时，应遵循原则为，各轮灌组面积或流量一致或相近，可供水源一致，轮灌组内地形高差较小。每个轮灌组控制的面积应尽可能相等或接近；对于水泵供水且首部无恒压装置的系统，每个轮灌组的总流量应尽可能一致或接近；轮灌组应满足农业生产责任制和田间管理要求，满足管理制度要求，保证灌水与其他农业技术措施高度匹配，方便管理；在手动控制灌溉区，每个轮灌组所管理的范围宜集中，轮灌顺序自上而下与自下而上均可，视情况而定；在自动控制灌溉区，宜采用插花布设方法划分轮灌组，最大限度地分散干管中的流量，减少管径，降低工程总造价。

按照科学的轮灌制度进行灌溉，可保证滴水的压力分布均匀，确保滴灌管路压力平衡、滴水均匀、肥料利用率高、水泵处于高效运行区、经济效益佳。

4.4 系统设备维护

水泵机组日常维护和保养。在水泵机组开机前，应检查确保泵的压力与设计要求相匹配、所有电路正确连接和电压正常、泵的电机油压力读数与电机生产指导可靠性能值相匹配。水泵停用后，要放尽水泵和管路内的剩水，并把外部泥土清洗干净，水泵的底阀、弯管等铸铁件应用钢丝刷把铁锈刷净，然后先涂上防锈漆再涂上油漆，待干燥后再放入机房或贮存室通风干燥的地方保存。由专业人员对低压配电柜进行每年总体检查、保养，全面认真地检修配电柜内的全部设备。检修过程必须设专人监护，工作前必须验电。施工前和施工后必须点清工具，严禁将工具遗漏在配电柜内。检修人员应熟悉整个配电柜的电气机械联锁情况，详细了解哪些线路是双线供电。

4.4.1 压力表和水表维护

定期检查压力表和水表运行状况，每个轮灌组在灌溉过程中应巡查压力和流量并做好运行记录。对检查值与设计的轮灌区的流量数据进行比较，水表流量减少，则需要检查主管、过滤器或滴头是否堵塞。灌溉初或结束，校正压力表和水表。

滴灌系统自控维护。配备计算机自控灌溉的滴灌系统，应保证电压稳定，电量充足，定期检查电源、计算机和阀门连接，保证接线处没有滴漏，防止接线铁件出现侵蚀。

4.4.2 控制阀门维护

控制阀有逆止阀、压力调节阀、流量调节器3种。日常维护应保证连接压力调节器的压力调节阀前管线压力满足要求，每个压力调节阀的命令管连接正确，可通过调节器校正压力（非专业人员不得调整控制阀）。应定期清理空气阀通道，并保证主管道安装的空气阀完全打开或关闭。

4.4.3 施肥装置维护

应定期维护,确保肥料阀门不被腐蚀,灌溉期间防止施肥装置渗漏。应在连接主管道处安装止回阀。日常维护还应注意滴灌肥是完全可溶的且没有任何杂质,混合后肥料已不能产生沉淀,滴肥前后使用清水冲洗系统 30 min 以上。

4.4.4 过滤中心维护

定期检查过滤器进口和出口的压力差(压力差一般不超过 8 m),过滤器组需要自动或手动反冲洗。在任何轮灌前,要严格确保在冲洗过滤器过程中,电磁阀或水力阀性能正常,过滤器反冲洗控制器工作正常。

4.4.5 地面管网维护

滴灌系统管网的维护按照先主支管再地面管网的顺序进行冲洗。进行主支管冲洗,管道注水,压力增加到设计需要压力,增加压力调节器下游的压力,逐级打开阀门冲洗主干支管,直到管道水流清澈。对于常年生作物的滴灌系统,管道和毛管冲洗必须在灌溉开始前和结束后进行。冲洗时,关闭主管道冲洗阀门和支管道,关闭支管道冲洗阀冲洗毛管。冲洗时间根据水质情况确定,水流清澈后逐渐关闭毛管尾部。

4.5 安全操作

启动滴灌系统前，按轮灌制度的要求打开轮灌小区的所有阀门，检查水泵、电机、过滤器等首部配套设备正常，关闭施肥罐阀门，然后启动水泵，当水泵达到正常转速后，再缓慢开启出水口蝶阀。施肥时应先注肥，全部溶解后开启施肥、反冲洗过滤器阀门，调节水压，稳定水压和流速，确保滴肥均匀，结束后关闭相关阀门并继续滴水。全部轮灌组灌溉完毕后，关闭水泵，及时将启动柜、自动反冲洗过滤器电源断开。涉及安全的电气设备、调蓄池等关键部位应安装防护栏等安全设施并设立警示牌，同时所有电气设备应按规定进行可靠接地并定期检查。严禁频繁启动电机，调蓄池内严禁游泳、养鱼、垂钓等，加强巡护力度，确保安全生产。

第五章 土肥及养分管理

土壤是欧李树根系赖以生存的环境。对土壤实行科学管理，能够提高土壤保水保肥的能力，改善土壤结构，为欧李创造适宜的水、肥、气、热环境，从而为植株地上部生长创造充足的水分和养分条件。土壤在欧李生长全过程中具有不断供应植物最大数量的有效养料和水分的能力，土壤肥力是土壤物理、化学、生物学性质的综合反映，因此需要在规范的土壤管理、充足的水肥条件下才能高产、稳产。欧李种植园适宜土壤质地为壤土、沙壤土、沙土，土层厚度>50 cm，土壤 pH 6.5~8.4。

1 土壤管理技术

土壤是欧李生长的基础，根系吸收营养物质和水分都是通过土壤进行的，通过实施耕作及培肥地力措施，使土壤的理化性状得到改善，并保持和提高土壤肥力，为欧李根系创造水、肥、气、热均衡的生态环境，从而保证树体健壮和稳产丰产。目前欧李园土壤管理有免耕法、覆盖法、生草法、清耕法和果园间作法 5 种。通过这些土壤管理方法，可以提高土地利用率，减少地面水分蒸发，抑制杂草生长，提高土壤水分，增加土壤养分，调节地温，培肥土壤结构，免遭雨水侵蚀。覆草后，土壤中微生物、蚯蚓等活动旺盛，有利于土壤团粒结构形成等。宁夏欧李种植区采用最为普遍使用的免耕法，同时结合覆盖法，春季覆盖宜使用地膜，可有效提高地温，且对半干旱地区土壤起到保墒作用。夏季覆盖则多采用覆草法。

1.1 免耕法

免耕法是指土壤不进行耕作，又叫最少耕作法。这种方法具有保持土壤自然结构、节省劳力、降低成本等优点。免耕法地表面容易形成一层硬壳，气候干旱时容易变成龟裂块，在湿润条件下长一层青苔，表层形成的硬壳并不向深层发展，故能维持土壤自然结构。但是随着免耕时间的延长，土壤容重增加、非毛细管孔隙减少，由于不进行耕作，土壤中可以形成比较连续而持久的孔隙网，所以通气性较耕作土壤好，但是不能进行土壤有机质和矿质养分的补充，不利于欧李园的土壤改良和土壤肥力提高。另外土壤动物孔道不被破坏，水分渗透性好，土壤保水力也较强。免耕法表层土壤结构坚实，便于欧李园各项操作和机械化管理。免耕法只适应于土层深厚、土质较好、降雨量充沛地区的欧李园，否则容易引起土壤肥力和欧李园生产能力的下降。

1.2 覆盖法

园地覆盖的方法包括覆盖地膜和覆草。覆盖前应深施基肥、中耕除草、平整地面。春季覆盖宜使用地膜，可有效提高地温，且对半干旱地区土壤起到保墒作用。夏季覆盖则多采用覆草法，覆草在半干旱地区的欧李园尤为重要。其优点主要有保持土壤水分，减少地表直接蒸发，改善土壤团粒结构，提高土壤持水力和抗旱能力。覆盖物可以在秋季深翻时结合秋施基肥翻入基肥沟内。

1.2.1 覆盖地膜

覆盖地膜（防草地布）除可显著提高地温外，还有保蓄水分，抑制杂草生长，减轻生理裂果等优点。一般在早春进行，最好在春季追肥、浇水后或降雨后趁墒覆盖地膜。覆膜的目的主要是保墒增温。覆膜方式多采用行上覆膜，即在欧李树行及两侧覆盖宽 1.2~1.4 m 的黑色地膜，用土压边。在干旱地区春季栽植时，覆盖黑色地膜既可以防除杂草，又可以有效提高幼树成活率。

1.2.2 园地覆草

在春季欧李树发芽前，树下浅耕 1 次，然后覆草 10~15 cm 厚，为防止被风吹走，常用土埋压。一般全园覆盖，以后每年续铺，保持覆盖厚度。覆盖材料的原则为就地取材、因地而异。欧李园连年覆盖有多重效益，一是覆盖腐烂后，表层腐殖质增厚，明显培肥了土壤。据调查，每年每 667 m^2 覆盖 500 kg 以上蒿草、秸秆等有机物，连续覆盖 5 年，能使土壤有机质含量从 0.7% 上升到 2% 左右，蚯蚓、微生物增加，有利于土壤团粒结构的形成；二是平衡土壤含水量，增强土壤持水功能，防止径流，减少蒸发，保墒抗旱；三是调节土壤温度，清耕区地表温度在夏季大都>30℃，使根系生长受阻，覆盖后能调节土温，使温度相对稳定,夏季土壤温度变化不剧烈,有利于根系生长,从而增加根量。

1.3 生草法

根据草种的来源可分为自然生草法和人工生草法。自然生草法为利用欧李园内自然长出的各种杂草,人工拔除恶性杂草后,选留适于当地自然条件的草种,实现欧李园生草的目的。而人工生草法则是在欧李园播种禾本科或豆科等草种,根据欧李树和草种的生长情况,适时补充肥水和刈割。割下来的草或散撒于欧李园,或覆盖于树行,或用作饲料造肥还园。人工种草常用白三叶草、黑麦草、小冠花、毛叶苕子等。欧李行两侧要留 0.8~1 m 宽的清耕带或覆草带,行间长草。绿肥作物多数都具有强大的根系,生长迅速、体积大和适应强,其茎叶含有丰富的有机质。在新鲜的绿肥中,有机质含量为 10%~15%。豆科绿肥作物含有氮、磷、钾等多种营养元素,尤其氮含量丰富。欧李园间作绿肥,具有增加土壤有机质、促进微生物活动、改善土壤结构、提高土壤肥力的功效,并达到以园养园的目的。

但生草法在生草期易与欧李树争夺肥水,通过调节割草周期和增施各种矿质肥料等措施,同时酌情灌水,可减轻与欧李树争肥争水的弊病。另外,由于生草法在春夏季节与欧李树存在争肥争水的问题,在北方无灌溉条件的旱作欧李园,即便有增加土壤有机质和养分含量、平衡地温等方面的优点,也不宜大面积推广。

1.4　清耕法

果园内不种植作物,经常进行耕作,使土壤保持疏松和无草状态,故称清耕法。北方欧李园每年春夏2季需浅耕,一般耕深10~20 cm。生长期间,根据杂草滋生情况和降水情况进行多次耕耘,达到灭草、保墒、改善土壤透气状况等目的,能够有效促进土壤微生物活动,加速土壤有机物质转化,增加土壤矿质养分释放。长期采用清耕法,会导致土壤有机质含量减少,破坏土壤结构,在风沙地区和水土流失地区,还会使土壤受到侵蚀。但清耕法为我国农业的传统土壤管理方式,为我国广大农民所熟悉和接受,其不足可通过深翻改土,增施有机肥,改善土壤结构和理化性状,促进土壤团粒结构形成,提高土壤有机质含量等措施弥补。

1.5　果园间作法

欧李园行间空隙地多,合理间作可以提高土地利用率,增加收益,以园养园。可间作蔬菜、花生、豆科作物、禾谷类、药材、绿肥等低秆作物,花卉育苗也可以,但必须是低秆类作物。欧李园不可间种高秆作物和攀援植物,同时间作物应不具有与欧李相同的病虫害或中间寄主。长期连作易造成某种作物病菌在土壤中积存过多,对欧李树和间作物生长发育均不利,故宜轮作和换茬。间作形式一年一茬和一年两茬均可。为缓和间作物与欧李树争肥争水的矛盾，树行应留出适当宽度的不间作营养带。

1.6 不同欧李园土壤管理方式选用原则

1.6.1 树龄

幼龄欧李园空地较多，可以进行果园间作，改善微区气候，有利于幼树生长，并可增加收入，提高土地利用率。合理间作还可增加土壤有机质、改良土壤理化性状。利用间作物覆盖地面，还可抑制杂草生长，减少蒸发和水土流失，缩小地面湿度变化幅度。幼龄欧李园的树行内土壤可以采用清耕法、清耕覆盖法、覆膜法等。随着欧李树树龄的增大，可以根据当地的降雨量、灌溉条件、土壤条件、劳动力状况、机械化程度等选择清耕法、果园生草法、免耕法等土壤管理方式。

1.6.2 降雨与灌溉条件

各地降雨量差异、降雨量在一年内的分布以及灌溉条件都会影响欧李园土壤管理方式的选择。在土层深厚、土质较好、降雨量大、刈割与耕作较困难的地区，采用除草剂施行免耕法较为有利。在降雨量相对较大且灌溉条件较好的地区，可采用果园生草法。在降雨量少且灌溉条件相对较差的地区可采用各种覆盖法进行旱作栽培，灵活运用各种覆盖材料，最大效率地利用自然降水，同时不断提高土壤肥力，改良土壤。

1.6.3 土壤状况

不同的土壤管理方式能够影响欧李园土壤的理化性状，进而影响欧李树的生长、结果状况。相应的欧李园土壤状况（如土壤肥力状况、土层厚度等）又反过来影响对土壤管理方式的选择。在不利于欧李树生长发育的丘陵、山地、沙滩及盐碱地，宜采用生草法、覆盖法。

2 养分管理

欧李具有抗旱、耐寒、耐盐碱、耐瘠薄、适应性强等优良特点，但若想在人工栽培条件下取得较高的产量，必须提供充足的营养和水分，因此施肥是提高欧李产量和果实品质的必要条件。

2.1 需肥特点

除基肥外，欧李 1 年中有 3 个需肥关键期：第一次在春季萌芽前后，以氮肥为主，促进萌芽和枝条生长；第二次在新梢旺长和幼果膨大时，以磷钾肥为主，促进新梢生长和幼果膨大；第三次在果实生长高峰及转色期前，以磷钾肥为主，促进果实膨大及成熟。

2.2 欧李全生育期养分需求总量研究

2020年,在宁夏农垦简泉农场,以3年生农大4号欧李为供试品种,进行了氮、磷、钾肥单因素多水平田间试验,探索欧李氮、磷、钾肥最佳施用量。试验地块位于宁夏石嘴山市惠农区境内,东经106°29′、北纬39°03′,地处贺兰山东麓第二农场渠尾段,可引黄灌溉,土壤类型为淡灰钙土。供试欧李采用

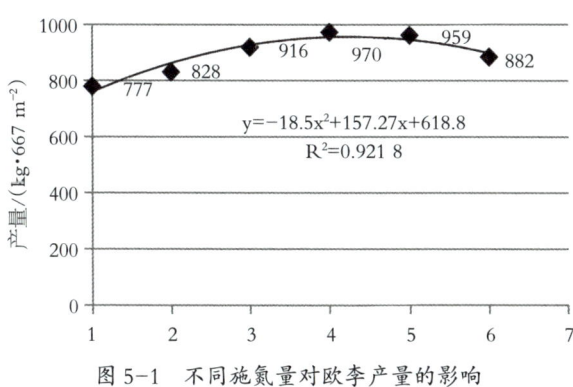

图 5-1 不同施氮量对欧李产量的影响

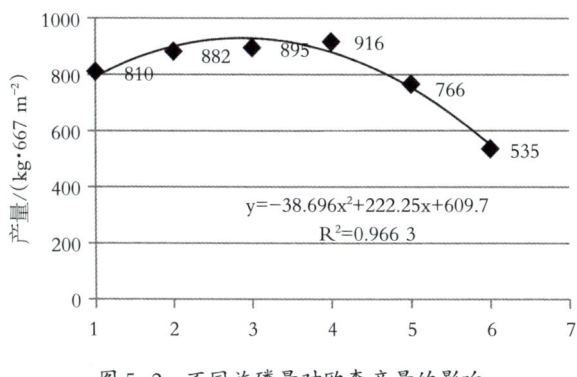

图 5-2 不同施磷量对欧李产量的影响

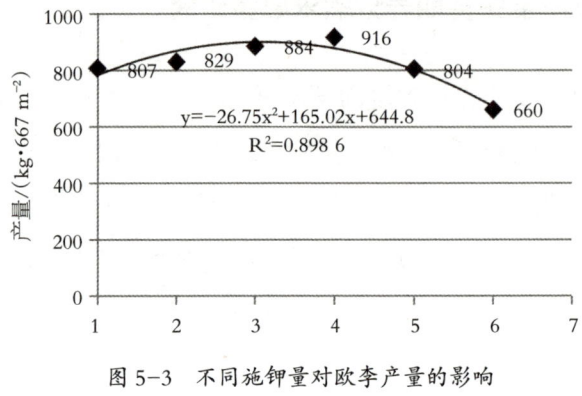

图 5-3　不同施钾量对欧李产量的影响

宽窄行种植，宽行 200 cm，窄行 40 cm，株距 70 cm，每亩种植 800 株。分别确定欧李全生育期对氮、磷、钾的需求总量。

2.3　欧李各生育期养分需求规律研究

研究人员在银川市西夏区平吉堡农五队宁夏农垦平吉堡现代农业示范园区日光温室内，以 3 a 的农大 4 号欧李为试材，以不含游离态矿质元素且持水性好的珍珠岩为栽培基质，利用用于监测作物吸收水和养分的装置，构建密闭的营养液循环供应系统，并根据霍格兰式配方中氮的含量设置 3 个处理：C1 氮含量 60 mg·L^{-1}、C2 氮含量 120 mg·L^{-1}、C3 氮含量 180 mg·L^{-1}。1 行为 1 个小区，每行定植 9 株，随机排列，重复 3 次，并采用相同的自动循环灌溉方案。在确保欧李根系整体肥水供给充足且不受营养元素胁迫条件下，测定欧李在生长发育过程中肥水吸收量、树体生长发育、果实产量与品质，确定欧李在不同生长发育阶段对水分与各矿质元素的需求。

2.3.1 不同营养液浓度对欧李生长发育的影响

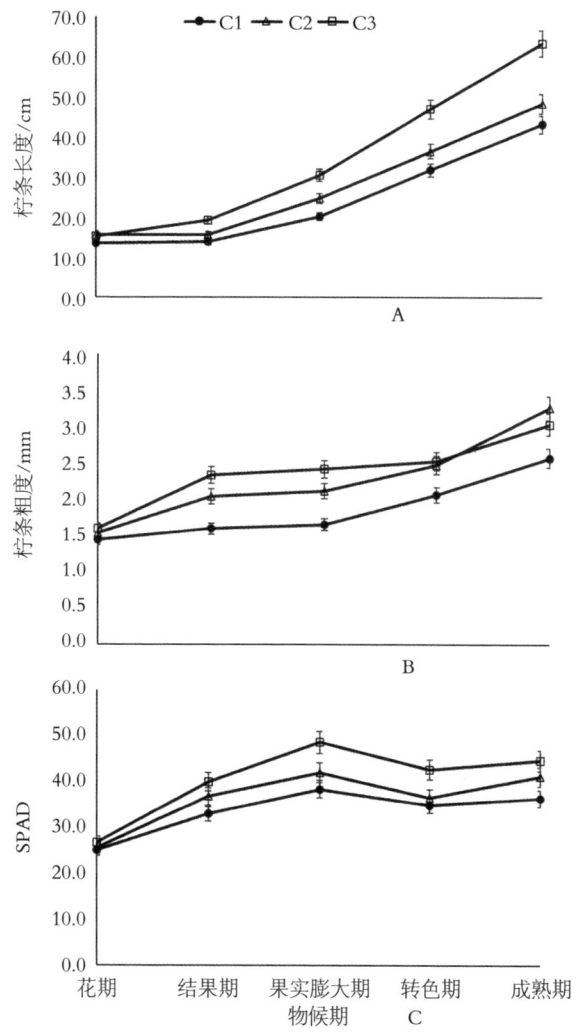

图5-4 不同营养液浓度对欧李枝条长度、枝条粗度和SPAD的影响

由图5-4可以看出，结果期后随着营养液浓度的增大，欧李枝条的长度也逐渐增大，表现为C3>C2>C1。在枝条粗度方面，在转色期前也表现出了相似的规律。在SPAD方面，也出现了相同的规律。说明，营养液浓度的增加促进了欧李植株的生长发育。

2.3.2 不同营养液浓度对欧李产量及品质的影响

由表5-1可以看出，不同营养液浓度处理对欧李植株及产量有明显影响。在植株冠重方面，表现为C3>C2>C1，说明高营养液浓度促进植株生长健壮，植株长势较旺，C3冠重最大。植株根系鲜重则表现为C2>C3>C1，说明中浓度营养液可促进根系的发育，C2根系质量最好。在单果重方面，表现为C2（8.51 g）>C1（7.65 g）>C3（7.38 g），且C2显著高于C3和C1，但是C3和C1无显著差异。单株产量则表现为C2（1 827.87 g）>C3（1 807.13 g）>C1（888.16 g），C2显著高于C1，但是与C3差异不显著，折合亩产量也表现出了相同的规律。说明，高浓度促进欧李植株生长发育，促进开花坐果，增加产量。

由表5-2可以看出，在果实纵径方面，表现为C2>C3>C1，果实横径则表现为C1>C2>C3，整体表现为C2果形最好。在糖和酸方面，均表现为C1>C2>C3，说明低营养液浓度处理条件下，果实风味更浓郁。维生素C和维生素D均表现为C2>C1>C3，原花青素方面则表现为C2>C3>C1，说明适宜的

表 5-1 不同处理下欧李植株及产量对比

指标 处理	植株冠重/g	植株根重/g	单果重/g	单株产量/g	折合亩产量/kg
C1	268.53c	434.83b	7.65b	1 110.20b	888.16b
C2	393.90b	497.70a	8.51a	1 827.87a	1 462.29a
C3	443.40a	475.43b	7.38b	1 807.13a	1 445.70a

注：同列中不同字母表示差异显著（$P<0.05$）

表 5-2 不同处理下欧李果实品质对比

指标 处理	果实纵径/mm	果实横径/mm	糖	酸	维生素C/(mg·100 g^{-1})	维生素D/(mg·100 g^{-1})	原花青素/(mg·g^{-1})	钙/(mg·kg^{-1})	镁/(mg·kg^{-1})
C1	19.24b	23.93a	10.59a	4.48a	20.60a	0.78a	8.4b	216.00a	139.00a
C2	21.18a	23.46a	10.27a	4.46a	20.70a	0.89a	12.5a	131.00b	159.00a
C3	19.56b	24.02a	9.59a	4.73a	19.60a	ND	12.0a	75.20c	92.60b

注：同列中不同字母表示差异显著（$P<0.05$）

浓度能够促进维生素 C、维生素 D 和原花青素的积累。在果实钙方面，表现为 C1>C2>C3。镁表现为 C2>C1>C3。说明，高浓度的营养液可能抑制钙的积累，适宜的营养液浓度可以促进镁的积累。

2.3.3 欧李对不同营养液浓度的吸收规律

由图 5-5-A 可以看出，随着欧李植株的生长，对于氮的需求也在增加，并在 5 月 27 日果实膨大期达到最大值，随着果实转色期的到来，对氮的需求也在下降，整体对氮的吸收表现出先升高后降低的特点，对于氮的吸收量则表现为 C3（180 mg·L^{-1}）＞C2（120 mg·L^{-1}）＞C1（60 mg·L^{-1}）。说明，营养液浓度越高，植株的吸收量就越大，但其在各个生育期的吸收规律相似。

由图 5-5-B 可以看出，随着欧李花期的到来，植株对磷的吸收在花期呈现出一个高峰，坐果期后呈现下降趋势，在转色期又呈现出一个高峰，并在转色期后迅速下降，C3（180 mg·L^{-1}）、C2（120 mg·L^{-1}）和 C1（60 mg·L^{-1}）表现出相似的规律，但是 C3 的波动幅度较 C1 和 C2 大，对磷的吸收量则表现为 C3＞C2＞C1。说明，营养液浓度越高，植株的吸收量就越大，而且其吸收峰值波度也越大。

由图 5-5-C 可以看出，随着欧李花期及坐果期的到来，果实对钾的吸收呈现出一个高峰，在果实转色期也有一个吸收高峰，并在转色期后逐渐下降，欧李植株对钾的吸收量表现出与氮和磷相同的结果：C3＞C2＞C1。

由图 5-6 可以看出，在欧李植株各部位中氮的积累量最高，在茎、叶片和果实中钾的含量较高，在根系中钾的积累量小于磷。在根系中，氮的积累量表现为 C1＜C2＜C3，磷也表现出相似的规律，钾的积累量则表现为 C1＞C2＞C3。在茎、叶片和果实中，C2 处理下，氮、磷、钾的积累量都表现为 C2＜C3＜C1；不同营养液浓度条件下，在茎、叶片和果实中，氮、磷、钾的积累量均表现为 C2（120 mg·L^{-1}）＞C3（180 mg·L^{-1}）＞C1（60 mg·L^{-1}），说明 C2 处理既可以促进欧李植株各部位营养元素的积累，又可以为植株健康生长提高营养基础。

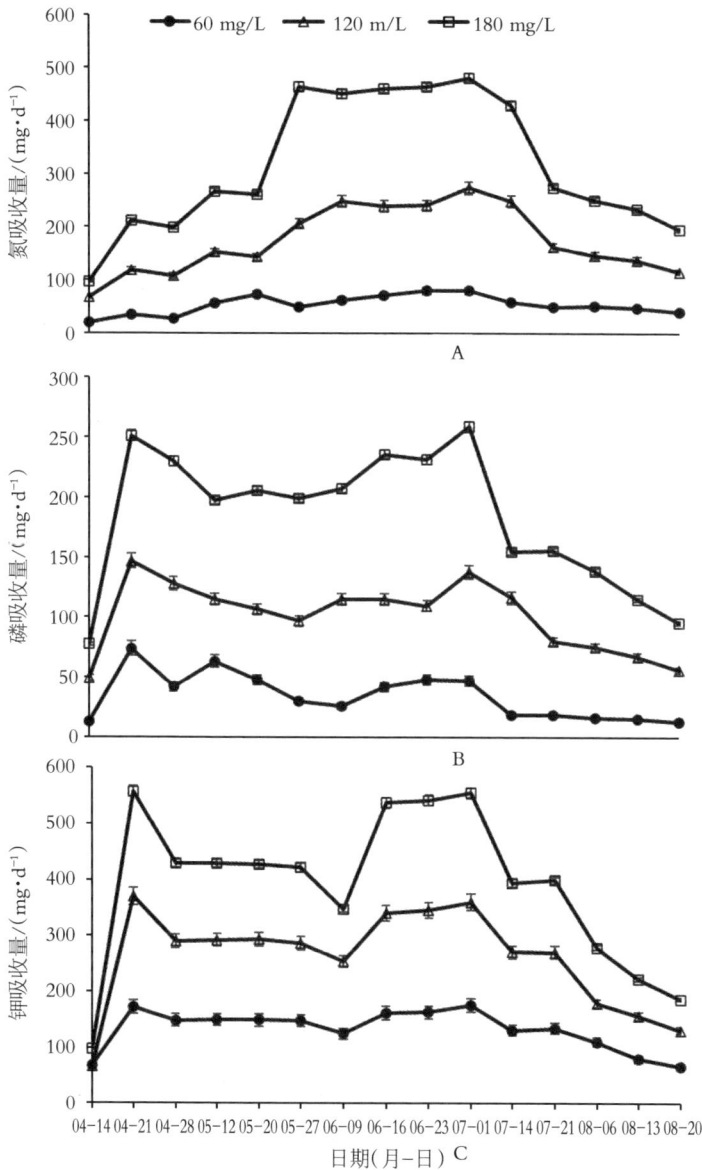

图5-5 不同浓度营养液欧李植株氮（A）、磷（B）、钾（C）元素吸收变化

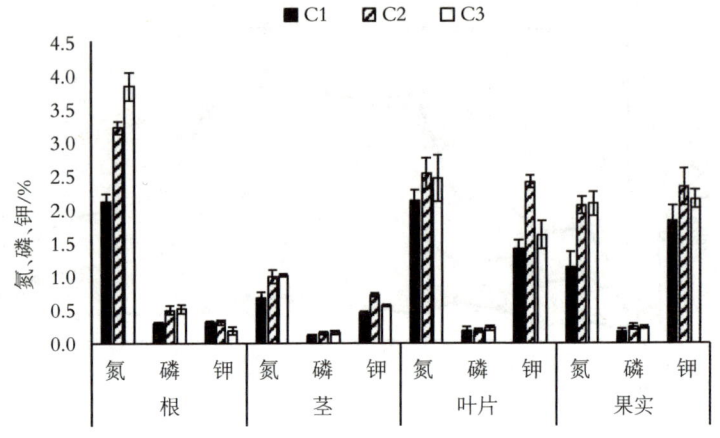

图 5-6 营养液浓度对欧李植株矿质元素积累的影响

2.3.4 欧李不同生育期对养分的需求量

根据上述研究结果显示,在 C2(120 mg·L^{-1})处理条件下,欧李生长发育最好,植株营养元素吸收量最高,果实性状及产量最佳,以 120 mg·L^{-1} 条件下欧李对养分和水分的吸收量计算欧李全生育期各阶段对养分和水分的需求量较为准确。由表 5-3 的计算结果可以看出,以上述研究结果为基础,并初步设计欧李全生育期对氮、磷、钾的供应量,分别为 17.74 kg、

表 5-3 各生育期阶段欧李对养分及水分需求量

矿质元素	花期	萌芽结果期	果实膨大期	果实转色期	果实成熟期	全生育期
氮/(kg·667 m^{-2})	1.04	3.11	6.76	5.43	1.41	17.74
占比/%	5.86	17.53	38.11	30.61	7.95	100.00

续表

矿质元素	花期	萌芽结果期	果实膨大期	果实转色期	果实成熟期	全生育期
磷/(kg·667 m^{-2})	1.92	2.59	3.21	2.62	0.69	11.03
占比/%	17.41	23.48	29.10	23.75	6.26	100.00
钾/(kg·667 m^{-2})	2.45	6.55	8.89	7.05	1.61	26.55
占比/%	9.23	24.67	33.48	26.55	6.06	100.00

11.03 kg 和 26.55 kg，全生育期需水总量为 127.17 m³。

3 最佳施肥配方及用量研究

3.1 试验设计与方法

在 2020—2021 年研究结果的基础上，根据欧李生产需求和生育期养分携出总量及比例，开展欧李田间施肥配方验证。试验地点位于石嘴山市惠农区简泉农场农三队，以 4a 农大 4 号欧李为试材，根据已知试验结果，欧李（目标产量 1 000 kg/667 m²）全生育期需氮 12.13 kg、磷 7.54 kg 和钾 18.16 kg 为依据作为对照（CK），以对照用量的 0.6 倍、0.8 倍、1.2 倍、1.4 倍为处理 1（C1）、处理 2（C2）、处理 3（C3）和处理 4（C4），1 行为 1 个小区，随机排列，重复 3 次，采用相同的农艺管理措施，测定欧李植株生长发育、果实品质及产量等因素，确定欧李最佳水肥使用配方。

测定指标及方法如下。

新梢生长发育指标的测定：从萌芽后开始，每个小区随机选取5株进行标记，每株标记3个新梢，每隔15 d测定1次新梢长度、新梢粗度及SPAD值。

果实发育及品质的测定：每个小区随机选取5株植株进行标记，成熟后，摘取全部果实称重，记录单株重，并随机选取果粒20粒，测定单果重、糖、酸。

测定结果用Excel 2016、SPSS22.0等软件进行统计分析。

3.2 结果与分析

3.2.1 不同施肥量对欧李生长发育的影响

由图5-7、图5-8和图5-9可以看出，不同施肥量处理对欧李生长发育具有一定影响。由图5-7可以看出，随着观测时间的延长，欧李株高逐渐增长，整体表现为C3>C4>CK>C2>C1，说明施肥量的增加可以促进欧李株高的增长。由图5-8可以看出，在茎粗方面，整体表现为C4>C3>CK>C1>C2，说明肥料量的增加可以促进欧李茎粗的增加。由图5-9可以看出，在SPAD方面表现为C3>C4>C2>CK>C1，说明肥料量的增加可以促进SPAD量的增加。

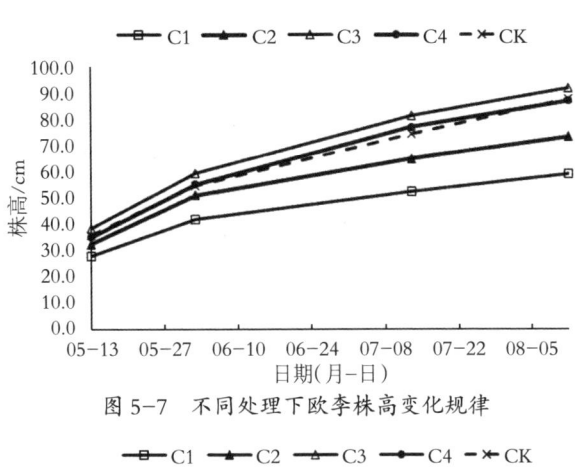

图 5-7　不同处理下欧李株高变化规律

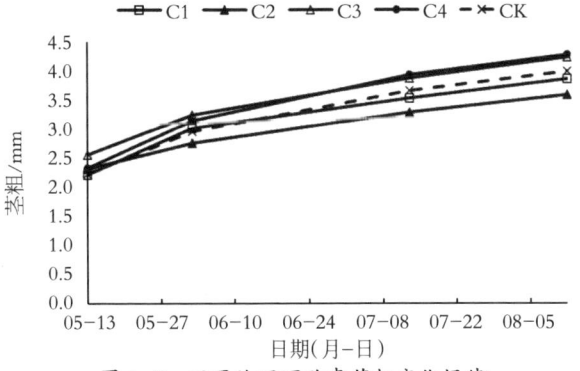

图 5-8　不同处理下欧李茎粗变化规律

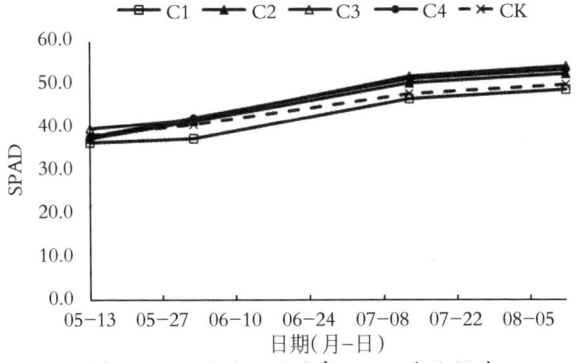

图 5-9　不同处理下欧李 SPAD 变化规律

3.2.2 不同施肥量对欧李果实产量及品质的影响

由表5-4可以看出,在单果重方面,表现为C3>C4>CK>C2>C1,且C3、C4显著高于C1,但与CK、C2无差异。在单株产量方面,表现为C4>C3>CK>C2>C1,且C1显著低于其他处理。而在亩产量方面也表现出相似的规律,且C4显著高于C1,但与其他处理并无差异。在果实糖方面,表现为C4>C3>CK>C2>C1,且C4、C3显著高于C2、C1,但与CK无显著差异。在酸方面表现为C3>C4=CK>C2>C1,且相互间并无差异,说明增加施肥量可以增加欧李果实的产量及品质,但增加效果并不显著。

表5-4 不同处理条件下欧李产量及品质的影响

指标 处理	单果重/ g	单株重/ g	亩产量/ kg	糖/ (mg·kg^{-1})	酸/ (mg·kg^{-1})
C1	6.68b	854.20b	772.20b	0.87b	0.18a
C2	6.84ab	871.11a	787.48ab	0.89b	0.19a
C3	7.30a	883.70a	798.86ab	1.00a	0.22a
C4	7.28a	910.94a	823.49a	1.01a	0.20a
CK	6.95ab	886.17a	801.10ab	0.91ab	0.20a

3.3 小结

肥料量的增加可以促进欧李植株的生长发育。通过试验发现,以对照处理用量1.2倍、1.4倍的施肥配方,能够促进欧李株高、茎粗和 SPAD 的增加，在确保产量的基础上取得最佳施肥量。增加施肥用量可以增加植株生长发育，但可能会引起作物营养生长过旺而不能提高作物产量。通过试验发现，在施肥量为对照及对照用量 0.8 倍时，欧李植株长势中庸，产量及品质相对稳定，在确保产量的基础上，可以节约化肥的使用，是欧李集约化种植的最佳配方用量。

欧李施肥配方及用量为氮 9.70~12.13 kg、磷 6.03~7.54 kg、钾 14.53~18.16 kg 时，欧李植株长势及产量品质最佳。

4 结论

通过对欧李全生育对养分的吸收规律进行研究，掌握欧李在开花期、坐果期、果实膨大期、果实转色期和成熟期对氮、磷、钾及水的需求规律及需求量，按照目标产量为 1 000 kg/667 m^2 计算，全年供应氮、磷、钾的总量分别为 12.13 kg、7.54 kg 和 18.16 kg。

在田间开展欧李氮、磷、钾单因素肥料施用量研究结果显示，按照目标产量为 1 000 kg/667 m^2 计算，全年供应氮、磷、钾的总量分别为 11.26 kg、7.51 kg 和 15.02 kg。在结果中，钾的量的差异主要来源于土壤中有一定量的速效钾。

综合评价，可以根据土壤地力制定欧李的氮、磷、钾施肥量为 9.70~12.13 kg、6.03~7.54 kg、14.53~18.16 kg。

5　施肥方式

5.1　基肥

基肥也称底肥，以迟效性有机肥为主，如厩肥、堆肥、作物秸秆、绿肥等。基肥肥效发挥平稳而缓慢，能持续不断为果树提供养分，为作物生长发育创造良好的土壤条件，还具有改良土壤、培肥地力的作用。

5.1.1　施肥时期

基肥应在秋季果实收获后及早施入，秋季施基肥使有机营养物质有充分的时间进行分解，更加利于作物吸收利用。同时，秋季正值欧李根系生长的高峰期，有大量的新根发生，此时施入基肥，有利于根系对各种营养元素的吸收，从而提高树体的营养贮备水平，有利于花芽发育、充实及新梢生长，为翌年的生长做好准备。另外，有机物分解的过程可提高地温，防止欧李根部发生冻害。

5.1.2　施肥方法

基肥分解较慢，一般需要施至果树的根系集中分布层。欧李的根系集中分布在地表 20~70 cm 的范围。根据此特点，可采用沟施的方法进行施肥，距植株 30 cm 行间开沟，挖圆形或半圆形或辐射状深沟，沟深、宽 30~40 cm，施入基肥后覆土填平踏实，也可在行间挖贯穿全园的条形施肥沟。在施入基肥后必须浇透水，能使有机肥、有益菌和有效养分供给果树根系，促使枝条茁壮生长。通常每亩施 3 000 kg 腐熟有机肥、100 kg 过磷酸钙和 50 kg 硫酸钾。如果所在地块严重缺乏某一种微量元素，则在施基肥时加入该元素的肥料。

5.2 追肥

追肥是指在作物生长中加施的肥料，主要是为了供应作物某个时期对养分的大量需要，或者补充基肥的不足。追肥的时间、种类和用量应根据作物生长发育对养分种类的需求而定，提前适量施肥。研究人员通过大量试验，确定了欧李养分需求总量及各生育期养分需求量。一般来说，欧李每年追肥 6~9 次。具体追肥时间及配方可依据下表进行。

表 5-5　欧李全生育期施肥配方表

矿物元素 生育期	氮/kg	磷/kg	钾/kg	施肥次数/次
开花期	0.71	1.31	1.68	1
萌芽结果期	2.13	1.77	4.48	1~2
果实膨大期	4.62	2.20	6.08	2~3
果实转色期	3.71	1.79	4.82	1~2
果实成熟期	0.96	0.47	1.10	1
合计	12.13	7.54	18.16	6~9

第六章
树体管理

1 主要树形及丰产形态指标

1.1 主要树形及培养

应根据欧李不同的栽植密度培养不同的树形。主要树形有丛状形、直立形、乔化形3种。

1.1.1 丛状树形结构特点

根栽植密度不同,丛状树形应具有6~8个结果枝以及当年形成的10~15个新的基生枝。各类枝条组成放射状树冠。丛状树形的优点是技术难度较小,容易推广,是宁夏地区主要的栽培树形。特别是欧李植株丛生、低矮、生长快、结果早、易丰产,常规的丛状栽培可形成"草地果园"。但由于欧李枝条细长、结果率高,结果以后容易倒伏,影响果实品质,需要采取高垄栽培或架式栽培。此外,欧李根系具有容易形成根蘖的特性,该特性前期有利于快速提高果园的覆盖度,但后期的萌蘖往往扰乱树形,所以要经常除

图6-1 欧李丛状树形

萌蘖，以保证数量相对稳定的生长枝和结果枝。

1.1.2 直立树形结构特点

直立树形应具有 1 个多年生的 25~30 cm 欧李主干，主干上部着生若干结果枝组。直立树形的培养需要连续短截，一般 3 年左右可培养成相对稳定的树形。直立树形主要用来制作欧李盆景，其特点是病虫害容易控制，但树形培养需要一定时间。

图 6-2　欧李盆景

1.1.3 乔化树形结构特点

具有核果类的乔化砧木，上端着生欧李枝组。在 40~60 cm 处高接欧李，接穗萌发后，在 8~10 cm 处短截促发分枝，进一步生长多形成披散状树形（似龙爪槐）。乔化树形的优点是果园株间清楚,容易管理,提高了结果部位,通风透光,减少了病虫危害,有利于丰产。

图 6-3 欧李乔化树形

1.2 丰产形态指标

栽植密度和株丛内各类枝条的比例以及枝条粗度是影响欧李产量的重要因素。由于欧李在定植后第三年即可达到盛果期产量,所以栽植密度对产量有很大影响。株丛的留枝和各类枝数量的比例对产量的影响也很大。一般基生枝产量占总产量的70%左右,2年生枝产量占总产量的30%左右。只有基生枝和2年生枝合理搭配,才能充分利用光照立体结果,获得最大单株产量。

2 休眠期树体管理技术

休眠期树体管理的主要工作是枝条整形修剪。

2.1 整形

宁夏地区的欧李主要采用丛状形树形，由 6 个健壮基生结果枝和 10 个以上的基生新梢组成。结果枝分为基生枝和上位枝 2 种，以每年更新的基生枝结果为主。每行上方 40~50 cm 处架设 1 道钢丝，将结果枝绑缚在钢丝上，可增加果实着色和减轻病害发生。

2.2 修剪

欧李定植当年，定植后在距地面 15~20 cm 处短截，当年可萌发 7~15 个侧枝和 3~5 个基生枝条。第二年基生枝上的侧生枝已形成大量的花芽，并开花结果。对 2 年生以上的侧枝以疏剪为主，疏去过密细弱枝，其余长放结果。对于基生枝，可选留株丛中 2~3 个强壮枝，剪去全长的 1/3 至 1/2 以促其旺长，其余基生枝长放结果。2 年生株丛极易产生大量基生枝，植株选留 8~12 个做更新枝外，其余枝条一律疏除，枝条萌芽后及时除萌。第三年欧李进入盛果期后，通过宁夏地区不同修剪量试验（表 6-1、表 6-2），每年留 6 个健壮基生结果枝，同时培养 10 个以上基生新梢，结果

表 6-1 不同修剪处理欧李果实品质含量

处理	总糖/ (g·100g^{-1})	总酸/ (g·L^{-1})	钙/ (mg·kg^{-1})	维生素 C/ (mg·100g^{-1})	维生素 D/ (ug·100g^{-1})	原花青素/ (mg·kg^{-1})
对照	6.16	18.26	189	7	1.1	$8.65×10^3$
留 2 枝	7.76	23.74	216	13.9	2.18	$1.62×10^4$
留 4 枝	6.94	20.72	217	16	1.78	$1.56×10^4$
留 6 枝	8.61	23.57	232	15	2.75	$1.53×10^4$
留 8 枝	7.18	22.34	204	13.6	2.48	$1.49×10^4$
留 10 枝	6.6	18.08	192	7.15	1.98	$1.43×10^4$

表 6-2 不同修剪处理欧李果实产量

处理	单果重/g	百粒重/g	单株产量/g	亩产量/kg
对照	3.02	309.54	1 023.53	818.82
留 2 枝	4.35	431.08	978.77	783.01
留 4 枝	3.94	388.5	1 825.28	1 460.22
留 6 枝	4.13	457.96	2 097.28	1 677.83
留 8 枝	3.61	329.12	1 808.51	1 460.22
留 10 枝	3.31	327.08	1 803.46	1 442.77

后的基生枝在当年修剪时直接从近地面疏枝，培养的基生新梢则为翌年结果枝条。宁夏地区的修剪时间以春季萌芽前为宜，可避免秋季修剪后因冬季干旱寒冷而抽干枝条导致结果枝减少。

2021 年，宁夏农垦农林牧技术推广服务中心在宁夏农垦简泉农场开展欧李不同修剪量试验，以 4 年生农大 4 号为试材，设定 6

个处理,分别留 2 个、4 个、6 个、8 个、10 个结果枝,试验区采用宽窄行种植模式,宽窄行为 2 m × 0.4 m,每亩定植 800 株。试验结果表明,留 6 个结果枝条时,果实总糖、钙、维生素 D 和原花青素含量均显著高于其他处理,果实钙含量比对照提高 22.75%;留 6 个结果枝果实单株产量高达 2 097.28 g,折合亩产为 1 677.82 kg。因此,留 6 个结果枝条有利于提高果实综合品质和产量。

3 生长期树体管理技术

生长期树体管理工作包括除萌蘖、摘心、疏花、疏果及架绑缚等。

3.1 除萌蘖

欧李萌生萌蘖能力强,1 年中要多次除去萌蘖,主要在 5 月上旬花后及 7 月中旬进行 2 次。5 月上旬主要是疏除过密、过弱的萌蘖,初步确定基生枝的数量,避免营养浪费,使培养的基生枝生长茁壮。7 月中旬主要是疏除二次萌蘖,即夏季从基部萌生的芽子。这样的芽子会消耗很多营养,但没有任何用处,应全部除去。

3.2 摘心

当新生枝长至 70~80 cm 时,即进行摘心,以增加枝条粗度和花芽分化质量。

3.3 花果管理

3.3.1 花芽特性

欧李芽分为叶芽和花芽,无真顶芽。枝条近地面 1~3 节的芽质量好,4~8 节的芽稍差,顶芽枯死。一般每节上有 1 个叶芽,着生在几个花芽中间。花芽为纯花芽,每个芽内有花 1~2 朵。花白色或粉色,花径 1.5~2.0 cm,花梗长 6~8 mm,雄蕊多,雌蕊 1~2 个。果实圆形、椭圆形或扁圆形,果面鲜红或黄色,果重 3~5 g。

欧李花芽与叶芽比例为 2.2∶1。异花授粉成花容易,栽植的第二年即可开花结果。每株常有花数百朵,坐果率高,平均坐果率 34.96%。1 年生单茎坐果 18.28 个,平均每节坐果 0.66 个,每株坐果约 73.12 个。欧李有 2 次落花落果,第一次为花后 1 周左右,因花发育不良或授粉受精不充分而脱落,落花量较小;第二次在 6 月中旬,由于新梢与果实争夺养分、水分,胚发育中止而落果。

图 6-4 欧李盛花期

图 6-5 欧李花与果实结构

3.3.2 疏花疏果

欧李极易成花,花量大,坐果率高,负载量大,挂果枝条倒伏率>80%,叶果比较小,果个偏小,果实糖、酸含量较低,多酚类及芳香物质积累下降,直接影响加工利用率和果实品质,为获得较高的产量和较好品质的果实,应及时疏花疏果。欧李一般基生枝从基部第三节起往上均可开花结果,每节可开花 2~12 朵,节间距 1~3 cm,平均为 7 朵,花全部开后会把枝条紧密包裹成花棒。当欧李现蕾或开花时,要及时疏除结果枝基部 10~15 cm 以内的花蕾或花以及梢头 5~8 cm 以内的花蕾或花。

欧李因花量大,疏花较费工费时。在大面积栽培中,采用化学药剂疏花可以大大提高劳动效率、降低生产成本。使用化学药剂疏花必须把握正确的使用时间和使用剂量,欧李疏花可选择在盛花期喷施 1 次 1.0 Be°石硫合剂,可直接抑制花粉发芽和花粉管伸长,从而阻碍受精,进而获得较好的疏除效果。

欧李疏花时无法判断是否已经发育,因此在生产上建议疏果。果实长到高粱粒大小时、生理落果后、果实膨大前各进行 1 次疏果。以强株多留、弱株少留为原则,30~40 cm 的健壮枝保有果 25 个左右(2 个枝),15~20 cm 的中庸枝有果 10 个左右(5~10 个枝),较弱的枝有果 5 个左右(10 个枝),这样每株可留果 150~200 个,株产 1~1.5 kg,亩产 1 000~1 500 kg。

图6-6 欧李果实疏果

3.3.3 结果枝做架绑缚

从欧李各类结果枝条的生长情况来看,2年生枝直立生长,基生枝结果后常平卧地面,光能利用率低,影响果实品质,也无法获得高产。所以,在初进入硬核期时需将结果枝做架绑缚起来。比较简单的做法是在植株两侧沿行向绷2条铁丝为架,高度40~50 cm,将结果枝绑缚其上。由于欧李枝条皮薄且脆,操作时要小心,防止造成机械损伤。

第七章
病虫害绿色防控技术

1　病害发生规律

经调查，宁夏地区欧李共发生 7 种病害，分别为根癌病、白粉病、炭疽病、褐腐病、酸腐病、日灼病和细菌性穿孔病。真菌、细菌和生理性病害比例为 4∶2∶1，以真菌性病害为主。为害部位主要有根、茎、新梢、果实和叶片。

1.1　欧李根癌病

【发病症状】病害主要发生在欧李的根颈部、根部等地下部位，也发生在地上部位的主枝及枝条上。根癌病初期被害处形成灰白色圆形小瘤状物，之后逐渐增大、变硬，表面粗糙、龟裂，颜色由浅变为深褐色或黑褐色，瘤内部木质化。瘤大小不等，大的似拳头或更大，数目几个到十几个不等。由于根系受到破坏，造成病株生长缓慢。发病后，植株矮小，树势衰弱，叶片黄化、早落，结果晚，果实小，重者全株死亡。

【病原】欧李根癌病病原菌属土壤野杆菌属细菌 [*Agrobacterium tumefaciens*（E.F.Smith& Townserd.） Conn]，称根癌土壤杆菌。

【发病规律】病原细菌在病瘤表皮、病组织残体及土壤中存活越冬，当癌瘤外层被分解以后，细菌被雨水或灌溉水冲下，进入土壤、残体，在土壤中可存活 1 年以上。病菌借水流、地下害虫、嫁接工具、作业农具等传播，带病种苗和种条调运可远距离传播。病菌从伤口或自然孔侵入植株后，可在皮层的薄壁细胞间隙中不断繁殖，并分泌刺激性物质，使邻近细胞加快分裂、增生，形成癌瘤症状。

1.2 欧李褐腐病

【发病症状】病害发生初期，果实表面形成灰褐色圆形病斑，随后病斑迅速蔓延扩展至全果，并使果肉变褐软腐，病部表面产生散生的灰褐色绒球状霉层，最后病果大部分或完全腐烂、脱落，或干缩成僵果悬挂于枝条上经久不落。

【病原】欧李褐腐病病原菌属于美澳型核果链核盘菌［M. fructicola（Wint.）Honey］。

【发病规律】欧李开花期至幼果期遇低温潮湿条件，易出现花腐或果腐；果实成熟期遇高温潮湿条件，易出现果腐。树势衰弱，枝叶过密，通风透光差，易引发该病。

1.3 欧李炭疽病

【发病症状】病原菌只侵染危害果实。发病初期，果实表面出现近圆形或不规则的褐色水渍状小斑点，小点周围有黄色的晕圈，病斑稍有凹陷。果实生长中后期，尤其是接近成熟期发病的果实，病斑显著凹陷并伴有同心环状皱缩，且病斑相互愈合呈不规则的大斑。发病后期，湿度大时病斑上长出橙红色小粒点，即病原菌分生孢子堆，果实软腐脱落或干缩成僵果挂在树枝上，偶尔伴有流胶。

【病原】欧李炭疽病病原菌为尖孢炭疽病菌（*Colletotrichum acutatum*）。

【发病规律】病菌主要以菌丝体，在树上或落在地上和土壤中的病果内越冬，次年条件适宜时产生大量的分生孢子作为初次侵染来源。病菌主要靠风、雨传播，经伤口和自然孔口入侵。病害的发生和发展与降雨量及相对湿度呈正相关。雨日多、雨量大的年份发病重。反之，雨日少、雨量小的年份发病轻。

1.4　欧李酸腐病

【发病症状】该病害主要发生于欧李果实生理成熟期。果实被侵染后，表面出现白色或褐色的水渍状斑点，随着病斑的扩展，病部产生致密白色霉层。后期果实腐烂变酸，大量汁液自伤口流出，进一步引起果实整体腐烂，病果带有酸臭味。

【病原】欧李酸腐病病原菌为白地霉（*Geotrichum candidum*）。

【发病规律】发病初期，果粒表面出现褐色水渍状斑点，并有汁液渗出，随着斑点逐渐扩大，果粒变软，果肉变酸，且有大量汁液从伤口流出。流出的汁液进一步引起腐烂，最后导致整枝欧李酸腐。

1.5　欧李白粉病

【发病症状】白粉病是一种常见的真菌病害，会侵染欧李的全部绿色部分，比如叶片、茎秆、新梢以及果实等。叶片正面覆盖白粉，严重时白粉可布满叶片，叶片卷缩、枯萎而脱落。幼叶受害后，叶片产生没有明显边缘的"油性"病斑。迎着太阳光，病斑呈半透明状，逐步发展后上面覆盖灰白色的粉状物。果实发病时，表面产生灰白色粉状霉层，用手擦去白色粉状物，能看到果实的皮层上有褐色或紫褐色的网状花纹。

【发病规律】白粉病病菌主要以菌丝体在被害组织内或芽鳞间越冬；被害组织上的闭囊壳也是病菌重要的越冬形态。借风、雨传播，落到寄主表面萌芽、侵入。第二年春天芽开始萌动后，菌丝体会产生分生孢子，闭囊壳会产生子囊孢子、分生孢子。子囊孢子借助风或昆虫传播到刚发芽的幼嫩组织上。

1.6 欧李细菌性穿孔病

【发病症状】细菌性穿孔病主要为害欧李的叶片和果实。在病害初期，主要是侵染叶片。先在叶片上形成水渍状斑点，随后病部组织逐渐坏死形成褐色病斑，病斑慢慢干枯脱落，形成叶片穿孔症状。病情严重时，病斑接连成片，造成叶片大量脱落，引起树势衰弱。同时，细菌性穿孔病菌也会在欧李果实上形成病斑。

【发病规律】细菌性穿孔病的发病原因主要是高温、多雨、多雾、湿度大、果园地势低、排水不畅，氮肥过多，树势衰弱等。病菌在落叶或枝条病组织内越冬。细菌借助风力、雨水或昆虫进行传播，从叶片气孔、枝条和果实的皮孔侵入寄主，引发病害。

2 虫害发生规律

经调查，宁夏地区欧李有4种虫害发生，分别为梨小食心虫、蚜虫、小长蝽和东方绢金龟。为害部位有果实、叶片、新梢和枝条。从虫害分布上看，梨小食心虫和蚜虫在平吉堡农场、简泉农场、玉泉营农场和中卫市香山乡均有发生，且为害程度偏重。小长蝽在简泉农场和玉泉营农场有发生，为害程度偏轻。东方绢金龟在平吉堡农场、简泉农场和玉泉营农场有发生，为害程度偏轻。

2.1 梨小食心虫

【形态特征】成虫体长5.2~6.8 mm，体色灰褐色，无光泽。前翅密被灰白色鳞片，翅基部黑褐色，前缘有10组白色斜纹，在翅中室端部附近有1个明显小白点，近外缘处有10多个黑色斑点，腹部灰褐色。卵为椭圆形，直径0.5 mm左右，两头稍平，中央凸起，乳白色。老熟幼虫体长10~13 mm。初孵幼虫体白色，后变成淡红色。头部、前胸、背板均为黄褐色。肛门处有臀栉，有齿4~6根。腹足趾钩单序环式，30~40根。臀足单序缺环，20多根。蛹体为黄褐色，长6~7 mm。腹部第三至第七节背面前后缘各具1行短刺，第八至第十节各具1行稍大的刺，腹部末端具钩状刺毛。茧白色，长约10 mm，丝质，椭圆形，底面扁平。

【危害症状】梨小食心虫在欧李上主要以幼虫为害果实，部分也为害嫩梢、花穗、果穗。梨小食心虫在幼虫期的前期主要会对果树树梢处的嫩叶产生为害,后期为害果树的果实。在大多数情况下,梨小食心虫在幼虫期进入果实,然后蛀入果实的果心,最后将其掏空。为害果实时,幼虫先从萼洼和梗洼处蛀出1个孔。幼虫进入蛀孔后,先在果肉浅层为害,将虫粪从蛀孔内排出。蛀孔外围堆积的粪便逐渐变黑、腐烂,形成一块较大的黑疤,俗称"黑膏药"。最后蛀入果心,在果核周围蛀食并排粪于其中,形成"豆沙馅"。造成果实易脱落,不耐贮藏。

【发生规律】梨小食心虫成虫多在白天羽化,昼伏夜出,在晴暖天气上半夜活动较盛,有明显的趋光性和趋化性。越冬代成虫多产卵在叶背上,卵散产。多产卵在果面,一果多卵,因此后期也常见一果多虫,近成熟的果实着卵量较大。

2.2 蚜虫

【形态特征】无翅孤雌蚜,体长约2.6 mm,宽约1.1 mm,体色有黄绿色、洋红色。腹管长筒形,是尾片的2.37倍,尾片黑褐色,尾片两侧各有3根长毛。有翅孤雌蚜,体长2 mm,腹部有黑褐色斑纹,翅无色透明,翅痣灰黄或青黄色。有翅雄蚜,体长1.3~1.9 mm,体色深绿、灰黄、暗红或红褐色,头胸部黑色。卵椭圆形,长0.5~0.7 mm,初为橙黄色,后变成漆黑色,有光泽。

【危害症状】欧李上的蚜虫主要包括桃蚜和桃瘤蚜2种。主要为害欧李叶片,也会为害新梢及花穗。成虫、若虫群集在叶背吸食汁液，以嫩叶受害为重。受害叶片的边缘向背后纵向卷曲，卷曲处组织肥厚，似虫瘿，凸凹不平，初呈淡绿色，后变为红色。严重时，大部分叶片卷成细绳状，最后干枯脱落，严重影响欧李的生长发育。

【发生规律】1年发生10多代，有世代重叠现象。以卵在欧李的枝条、芽腋处越冬，次年寄主发芽后孵化为干母。群集在叶背面取食为害，形成上述为害状，大量成虫和若虫藏在似虫瘿里为害，给防治增加了难度。5—7月是蚜虫的繁殖、为害盛期。此时产生有翅胎生雌蚜，迁飞到艾草等菊科植物上为害，晚秋10月又迁回欧李树上，产生有性蚜，交尾产卵越冬。

2.3 东方绢金龟

【形态特征】东方绢金龟成虫体长6~9 mm，宽3.1~5.4 mm。小型甲虫，体卵圆形，黑色或黑褐色，也有棕色个体，微有虹彩闪光。头大，唇基长、大、粗糙、油亮，刻点皱密，有少数刺毛，中央隆凸，额唇基缝钝角形后折，与前缘几乎平行。触角9~10节，多数为9节，鳃片部3节。头面有绒状闪光层。

【危害症状】东方绢金龟是欧李上重要的食叶害虫，群集为害，常将新植欧李萌发的芽苞啃光，使植株干枯死亡。

【发生规律】东方绢金龟1年生1代，以成虫越冬。越冬成虫于4月上旬开始出土活动，4月中旬到5月下旬为成虫危害盛期。成虫夜间和上午潜伏在地势高、干燥的草荒地中，下午活动，尤其是15:00以后最甚。群集为害，常将新植苗木萌发的芽苞啃光，使成片新植林干枯死亡。有趋光性和假死性，卵单个产于植物根际附近的表土层中。幼虫食害根系，食量小，不严重。老熟后潜入土中 20~30 cm 处化蛹，羽化出成虫，不出土越冬。

2.4 小长蝽

【形态特征】成虫体长 3.6~4.5 mm，头部红褐至棕褐色，两侧各有 1 条黑色纵带，常与复眼后黑色区相连，头背面中央有"X"形黑色花纹。头的眼前部分和眼后部分长基本相等，触角第四节略长于第二节，或与吻等长。前胸背板污黄色，有大而密的刻点，中央有 1 条深色纵条纹，近前缘有 1 条黑色横带。小盾片黑色，有时两侧各有 1 个黄斑。前翅革质区淡白半透明，翅脉有褐斑，膜质区透明无斑。卵长椭圆形，长 0.7~0.8 mm，宽 0.4~0.5 mm，初产时黄白色，前半部有长短不齐的凹条纹，近孵化时呈橙红色。

【危害症状】小长蝽在欧李上主要为害叶片、新梢及幼果。成虫、若虫群集于欧李的花、穗、幼果、新梢、嫩叶上刺吸为害。被害后造成落蕾、落花、落果、穗枯死脱落，叶片出现焦黄白斑，甚至黄化卷曲。

3 病虫害防治措施

欧李在宁夏地区种植时间短，总体来说，病虫害发生较轻、较少。但是近些年蚜虫、梨小食心虫等虫害，根癌病等病害发生面积增大，有进一步暴发的风险，因此应注意采取控制措施，预防与防治相结合，从而减少病虫害发生。具体综合防治措施如下。

3.1 加强检疫

发现病苗刨出烧掉、禁止从疫病区调入苗木是控制病害蔓延的主要途径。比如欧李根癌病，一旦发病很难防治，因此要加强种苗检疫工作。

3.2 农业措施防治

（1）合理整形修剪，控制枝条密度。对幼树要做好整形修剪，培育层状排列的良好树冠。对老树要更新老枝、培育新梢，改善园圃通透性。合理的枝条密度可以控制欧李果园的湿度，可有效降低白粉病、炭疽病等病害的发生。

（2）及时清园，剪除病枝、叶。坚持常年收集落叶枯枝并填埋，有助于减少各种病害的菌源以及虫害虫卵等，降低翌年的初侵染源，减轻受害。

（3）加强果园管理，增强树势，提高抗病力。在用肥上以有机质肥为主，勤施、薄施壮梢肥和壮花肥，重施过冬肥，以增强树势。在用水上，注意防止涝害或旱害，花期遇高湿、干燥天气宜适当灌溉。

3.3 物理防治

合理使用诱捕器诱杀成虫。因梨小食心虫成虫具趋光性、色觉效应和趋化性,在果园中挂设黑光灯、黄色粘虫板、诱捕器(诱芯为性信息素),可诱杀成虫。

3.4 生物防治

(1) 保护利用天敌资源。蚜虫的天敌很多,有瓢虫、草蛉、食蚜蝇和寄生蜂等,对蚜虫有很强的抑制作用。尽量少施广谱性农药,避免在天敌活动高峰期施药。梨小食心虫的天敌主要有赤眼蜂、白茧蜂、寄生蜂、姬蜂等。在果园里释放赤眼蜂防治梨小食心虫,梨小食心虫虫卵被寄生率可达40%~60%。

(2) 以菌治虫。白僵菌等对梨小食心虫有很好的防治效果。在果园里喷白僵菌粉,越冬幼虫被寄生率达20%~40%。

3.5 化学药剂防治

(1) 栽前处理。欧李根癌病属于细菌性病害,所以在栽植前,应用生物农药抗根癌剂(K84)浸根后定植,或用石灰乳蘸根,或用0.1%高锰酸钾浸泡苗木,或用1%硫酸铜液浸泡苗木,再用清水冲洗,然后栽植。

(2) 药剂防治。合理使用化学药物进行病虫害防治,在农药使用过程中要注意对生态环境的影响。针对不同病虫害,应选择不同的农药防治手段。防治梨小食心虫，可选喷施苏云金杆菌乳剂、氟虫双酰胺和灭幼脲等。欧李上的蚜虫主要为桃蚜和桃瘤蚜，可以选择喷施 0.3%苦参碱、吡虫啉、高效氯氰菊酯等。防治欧李白粉病、炭疽病、酸腐病等真菌病害，可选择多菌灵、代森锰锌、百菌清、嘧菌酯、甲基托布津等单剂或者复配剂。防治细菌性穿孔病，可选择波美度石硫合剂、72%农用链霉素等药剂，防治间隔为 15 d，连喷 2~3 次。药剂喷洒要均匀，喷头从树冠下往上喷洒，以保证喷药质量，确保药效。

4　病虫害发生防治年历

根据欧李病虫害发生时间、种类以及发生规律，制成《欧李病虫害防治年历》（表 7-1），表中记载了各病虫害的发生时间、发生规律和防治措施，以期为生产中主要发生的病虫害防治提供理论依据，降低欧李病虫害影响。

表 7-1 欧李病虫害发生防治年历

防治期	防治对象	发生规律	防治方法
移栽前	根癌病	病原细菌在病瘤表皮、病组织残体及土壤中存活越冬。癌瘤外层被分解后，细菌被雨水或灌溉水冲下，进入土壤、残体，在土壤中可存活1年以上。病菌借水流、地下害虫、嫁接工具、作业农具等传播，带病种苗和种条调运可远距离传播	加强检疫：发现病苗刨出烧掉，禁止从疫病区调入苗木 药剂防治：栽植前应用生物农药抗根癌剂（K84）浸根后定植，或用石灰乳蘸根，或用0.1%高锰酸钾浸泡苗木，或用1%硫酸铜液将苗木浸泡后移栽
开花前期至花期	梨小食心虫	梨小食心虫成虫昼伏夜出，晴暖天气上半夜活动较盛，有明显的趋光性和趋化性。越冬代成虫多产卵在叶背上，卵散产。多产卵在果面上，一果多卵，因此后期常见一果多虫，近成熟的果实着卵量较大	物理防治：在果园中悬挂黑光灯、黄色粘虫板、诱捕器等诱杀成虫 生物防治：保护利用天敌资源，如赤眼蜂、白茧蜂、寄生蜂、姬蜂等 药剂防治：喷施苏云金杆菌乳剂、氟虫双酰胺和灭幼脲等
4月中下旬	细菌性穿孔病	病菌在被害枝条组织中越冬，翌年病组织内细菌开始活动，借风、雨或昆虫传播，从叶片气孔、枝条芽侵入	药剂防治：可选择波美度石硫合剂、72%农用链霉素等
5月下旬至6月上旬	日灼病	因高温、低温或者温度巨变而造成伤害。与日照密切相关，炎热季节日光直照枝干与果实，高温灼伤皮层，破坏组织	农业措施：合理整形修剪，控制枝条密度。加强水肥管理，增强树势，提高抗逆力

续表

防治期	防治对象	发生规律	防治方法
5月下旬至6月上旬	白粉病	白粉病病菌主要以菌丝体在被害组织内或芽鳞间越冬。借风、雨传播，落到寄主表面萌芽侵入。第二年春天芽开始萌动后，分生孢子借助风或昆虫传播到刚发芽的幼嫩组织上为害	农业防治：合理整形修剪，控制枝条密度，控制欧李果园的湿度，可有效降低白粉病发病率 药剂防治：可选择多菌灵、代森锰锌、百菌清、嘧菌酯、甲基托布津等单剂或者复配剂等
	蚜虫	1年发生多代，有世代重叠现象。以卵在欧李的枝条、芽腋处越冬。次年寄主发芽后孵化为干母。群集在叶背面取食为害，形成上述为害状，大量成虫和若虫藏在似虫瘿里为害。5—7月是蚜虫的繁殖、为害盛期	生物防治：保护利用天敌资源，如瓢虫、草蛉、食蚜蝇和寄生蜂等 药剂防治：可选择喷施0.3%苦参碱、吡虫啉、高效氯氰菊酯等
7月上旬至8月	炭疽病	病菌主要以菌丝体，在树上或落在地上和土壤中的病果内越冬，次年条件适宜时产生大量分生孢子，作为初次侵染来源。主要靠风、雨传播，经伤口和自然孔口入侵	农业防治：加强果园管理，增强树势，提高抗病力 药剂防治：可选择多菌灵、代森锰锌、百菌清、嘧菌酯、甲基托布津等单剂或者复配剂等
	小长蝽	主要为害叶片、新梢及幼果。成虫、若虫群集于欧李的花、穗、幼果、新梢、嫩叶上刺吸为害	物理防治：及时清园，剪除病枝、叶，有助于减少虫害虫卵等，降低翌年的初侵染源，减轻受害

续表

防治期	防治对象	发生规律	防治方法
7月上旬至8月	东方绢金龟	欧李重要的食叶害虫。群集为害,以成虫越冬。有趋光性和假死性,卵单个产于植物根际附近的表土层中。幼虫取食为害根系,食量小,不严重	物理防治:可采取人工震落捕杀或灯光诱杀 药剂防治:发现幼虫时,可使用呋喃丹、辛硫磷等
9月上旬至10月上旬	褐腐病	病原主要以菌丝体在病果上越冬。第二年春形成分生孢子,春天借风雨传播为害,形成初侵染。病原主要通过各种伤口,如裂口、虫伤、刺伤、碰伤等侵入	农业防治:加强水肥管理,增强树势,提高抗病力 药剂防治:可选择多菌灵、百菌清、甲基托布津等单剂或者复配剂
	酸腐病	属二次侵染病害,因机械损伤及其他病害的存在,容易造成病菌侵入,从而引起酸腐病的发生。雨水、灌溉等造成果园湿度过大、叶片过密、果穗周围和果穗内湿度过高也会加重酸腐病的发生	农业防治:适时收果,欧李成熟即可收获,避免果实成熟过度 药剂防治:可选择多菌灵、代森锰锌、嘧菌酯等单剂或者复配剂等

第八章 采收技术

1 采收标准

判断果实成熟度的主要依据是果肉的口感和硬度，其次大部分品种也可根据果皮颜色来判断。任何果实在鲜食时必须达到最佳口感。大部分欧李的最佳食用成熟度是果肉微软时，部分硬肉型果实在果肉软化前食用最好。

欧李的采收期为8月下旬至9月下旬，随熟随收。不宜过早或过晚，采收过早果实酸味重，采收过晚易造成软果、落果和烂果。

欧李不耐储藏，自然放置几天就会腐烂或口感变差，所以应根据果实用途、特性、运输条件等确定适宜采收期。直接销

表 8-1　欧李果实采摘标准

项目	要求
外观	具有同一品种特征，果形均一周正，果面光滑，无裂纹，无疤痕，无畸形，无灼伤，无机械伤，无冷害，无冻害，无腐烂
成熟度	8成熟左右，硬度适中
品种	单品种收购纯度必须≥95%，不得有红黄混杂
净度	清洁干净，不得混入枝条、杂草、生青果、金属等杂物，不能带水淋雨
运输要求	(1) 原料要避免长途运输及采摘地积压，若运输时间较长或气温过高，应采用冷藏车运输原料。原料入厂后须 24 h 内加工完 (2) 装框 70%~80%，原料运输要以无毒无味的洁净塑料箱装盛，每次使用后仔细冲洗。码放时塑料箱之间不可相互挤压。运输工具要求洁净、无污染、无异味

售的果实须在达到或即将达到最佳食用成熟度时采摘，若需较长时间储存或运输，果实须在果实硬熟时采摘。大部分果实硬熟时表现为果实停止膨大且着色良好，果肉有一定的硬度。也有个别品种硬熟时并未完全着色，需分别对待。

2 采收方式

欧李成熟后，果柄不易从结果树上脱落。在成熟度较高、但未完全成熟时，果柄与果肉连接处反而易产生离层。为提高果实的耐贮性和保证果实的美观，采收时需注意带上果柄。采收方法分人工采收和机械采收 2 种。

2.1 人工采收

人工采收，指将结果枝齐地面从基部剪下，集中到固定场地后人工采下果实，适合各种栽培模式。

人工采收欧李可用疏花剪进行，采下的果实须轻拿轻放，严防碰压损伤。盛放应使用硬质容器，且不宜过大，一般以 2~3 kg 较为合适，周边与底层需用软质材料衬垫。

为提高果实的耐贮性，采收时也可将结果枝一起剪下，但此举常会影响第二年的树势生长。草地化管理的欧李园在采收时可将果实与结果枝一起剪下。

2.2 机械采收

机械采收，指用收割机对奇数行或偶数行整行收割，集中到固定场地后捡出结果枝，用脱粒机脱粒或人工采下果实，适合冠状（平地或起垄）栽培模式。

机械采收时选择硬度较大的成熟欧李结果枝进行脱离，可降低脱粒机在脱果时的破碎率。

欧李脱果机主要由电机、进料斗、传动机构、摘果机构、机架、出料斗等部分构成。机具工作时，将欧李果枝条由进料斗喂入，传送带运送经过加持机构时，上下2块弹簧压板对欧李果施加压力，固定欧李果枝条并送入机具的摘果机构。在平行安置的2根摘果机作用下，欧李果与枝条分离且一同落入下方的筛网中。欧李果通过筛网上的小孔漏下，枝条从出料斗排出。

欧李采收机械目前仅能实现人工剪取带果枝条的脱果环节，技术还不成熟，有待进一步优化。

3 采后处理

采后处理的目的是通过技术措施，获得较大的经济利益。欧李的采后处理包括分拣、清洗、预冷等。

3.1 分拣

同一品种的欧李果在正常成熟时果体差别不大,所以欧李果一般不需要分级,只需将劣质果、畸形果和损伤果分拣出来。可将果实铺放在比较宽敞的平台上进行分拣。操作时需轻拿轻放,轻微的碰伤肉眼常看不出来,但对贮存影响较大,应多加注意。

3.2 清洗

果实采收后果面常有污垢,且有农药残留及各种病菌,为保证果品的清洁卫生和提高果品的耐贮性,必须进行果面清洗、消毒。理想的洗果剂必须可溶于水,具有广谱性杀菌功能,且能长时间保持活性,对果实无药害,不影响可食风味,对食用者无毒性残留,且成本低。欧李洗果剂的常用配方是 0.1%高锰酸钾或 600 mg/L 漂白粉。在常温下浸泡欧李果数分钟,再用清水洗去化学药品,晾干后贮藏。

3.3 预冷

欧李在贮存或运输前须预冷处理,通常采用冷风冷却和冷水冷却 2 种办法。冷水预冷是将果实浸入 0.5~1℃的冷水中,经 30~40 min 取出晾干,然后贮藏。这种方法预冷速度快,果实失重少,效果较好。冷风预冷一般在冷库中进行,一般采用鼓风冷却系统降温,风速越高,降温效果越好。其他预冷措施还有冰冷和真空冷却等。预冷温度以 0℃为宜，太低易造成冷害。冷风预冷时，果实要放在多孔塑料箱、竹编筐或其他敞口容器中。经过预冷的果实，其内部温度与贮藏温度应达到一致，以保证取得预期的贮存效果。

4 贮藏

欧李作为核果，具有不耐贮藏的特点，果实硬熟时采摘，置常温条件下 1 周时间即失水萎蔫甚至腐烂，完全失去商品价值，所以欧李最好采用冷库结合气调的方法进行冷藏。将经过预冷处理的欧李果实装入塑料薄膜小包装袋，充入二氧化碳气体进行气调贮藏，可以获得良好的保鲜效果。一般每个包装袋盛放 2~2.5 kg 果实，氧含量保持在 3%~5%，二氧化碳含量保持在 10%~25%，贮藏温度为 -0.5~0.5℃，相对湿度为 90%~95%，贮藏期可达 1 个月以上，其品质和初采时相近。

为提高果实的耐贮性，采后应进行浸钙处理。常用钙盐为氯化钙，其质量分数为 2%~3%，浸泡时间为 1 min。浸钙处理较麻烦，比较简单易行的办法是采前喷钙。用 0.5%氯化钙水溶液每隔 1 周喷施 1 次，共喷 2 次，贮运时可明显降低果实腐烂率、掉梗率和褐变指数。同时，采前果园 7~10 d 不要浇水，避免大雨之后 1 周内采果，采前不得喷施催熟药剂。

5 运输

欧李运输必须注意以下几个问题:

(1) 欧李果实在长途运输前必须经过预冷处理。当然,如果是从冷库中运出,则不必再次预冷。

(2) 需快装快运。运输过程的一些中间环节,如装卸等过程时间越长,果实温度越容易受到外界环境的影响。果实温度一旦升高,其新陈代谢加快,会明显影响果实的品质。

(3) 欧李果实不耐碰压。有碰压损伤的果实与正常果实相比,耐贮时间明显缩短,所以运输过程中宜轻装轻卸。

(4) 选用合理的运输工具。由于欧李耐贮性差,所以运输过程中必须保持较低的温度。短途运输可采用保温装置,长途运输最好采用能够降温的冷藏装置。

6 加工品及加工工艺

历史上欧李曾被作为贡品,一度推动了欧李的引种、发展。到 20 世纪初,清廷还派人到东北选取欧李。欧李果实营养丰富,其营养种类、含量均优于樱桃、李、杏、桃等核果类,其中维生素 A、维生素 B、维生素 B_{12}、维生素 C、维生素 E,以及微量元素钾、氮、钙、磷、铁、锰、锌、镁、锡等含量丰富。欧李还含有包括赖氨酸在内的 18 种氨基酸。欧李成熟果实含糖量高达 14%~19%。每 100 g 欧李鲜果钙和铁的含量分别是苹果的 7~10 倍和 6~10 倍，达 60~90 mg 和 1.5~2.5 mg。果实可食率>90%，出汁率约 80%。

随着科学技术的发展，欧李作为一种特殊果品，其出路在于深加工增值。欧李果实可加工成罐头、果汁、果酒、蜜饯、果奶、冰淇淋、果冻等，产品风味独特，营养价值高。预计在不远的将来，欧李在医药、食品、饮料等方面将有很大的发展前景，对人体保健将会起到积极的作用。近年来，河北师范学院、山西农大等单位以欧李果实为原料，进行了欧李汁、欧李罐头，以及欧李果脯、蜜饯的加工利用研究，并根据欧李果实特殊的理化性质，制定了提取澄清欧李汁、混浊欧李汁、浓缩欧李汁，以及欧李罐头、欧李果脯、欧李蜜饯的加工工艺。

6.1 欧李汁加工工艺

6.1.1 工艺流程

工艺流程见图 8-1。

6.1.2 工艺要点

选料榨汁：将成熟的欧李用沸水烫漂 15 s，由破碎机破碎后放入自制滤袋，用榨汁机榨汁。

精滤：用多层纱布过滤。

澄清：将精滤后的果汁放在 0℃条件下冷冻澄清 7 d，再

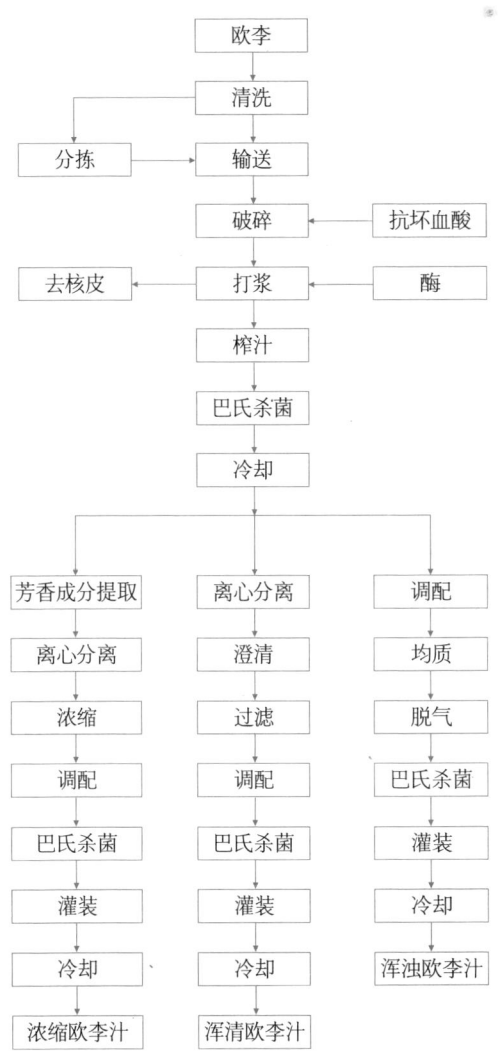

图 8-1 工艺流程图

过滤。

调配：按不同质量标准配制成浓缩欧李汁、澄清欧李汁、混浊欧李汁。

杀菌冷却：密封后，放入灭菌锅中80℃杀菌30 s，之后取出，冷水冷却到30℃以下。

6.2 欧李罐头加工工艺

6.2.1 工艺流程

选果→清洗→挑选→预煮→抽空→护色→装罐→注糖液→排气→密封→杀菌→冷却→检验→贴标→装箱→成品罐头。

6.2.2 工艺要点

选果：选黄色八九成熟的欧李，要求果形一致。

清洗：把果实装在有孔的专用器具内，在水槽中用清水浸洗。也可以把果实放在水槽中浸润，使附着物松脱后用高压清水喷淋。

装罐：摘除果梗后，用含量为1.5%的食盐水护色，罐瓶洗净后在高压锅中100℃消毒8~10 s。以每瓶245 g，灌注质量分数为42%的糖水、180 g 为准。

排气、密封：将消过毒的瓶盖虚盖上，在高压锅中蒸气排气15 min，之后立即用封口机密封。

杀菌、冷却：将密封的罐头置于灭菌锅中100℃杀菌5~15 min，杀菌后分段冷却。

6.3 欧李果脯（干态蜜饯）加工工艺

6.3.1 工艺流程

选果→去核→硬化处理→脱色→漂洗→预煮→加糖→煮制→烘干→果脯。

6.3.2 工艺要点

选果：选用果大、肉厚、核小的黄色或浅黄色果实。

去核：将捅核器自果尖部插入，把果核从果蒂处捅出。捅核器可用竹筷制成，筷头 2~3 cm，削成三棱形，绑 1 根 4.5 cm 长的缝衣针，针的间距要略小于果核横径。

脱色：采用质量分数为 0.3%的亚硫酸钠经 12 h 处理即可。

加糖、煮制：先在含糖量为 40%的糖液中煮 5~10 min，然后浸泡 12 h，在含糖量为 60%的糖液中再煮 5~10 min。

烘干：经糖煮浸渍后的欧李脯在 60~65℃下烘烤，烤干多余的水分，包装后即为成品。

6.4 欧李蜜饯（糖渍蜜饯）加工工艺

6.4.1 工艺流程

选果→去核→硬化处理→漂洗→预煮→加糖→煮制→装罐→密封→杀菌→蜜饯。

6.4.2 工艺要点

选果：选用果大、肉厚、核小的黄色或红色成熟果实。原料有欧李 50 kg、白砂糖 15 kg、食盐 7.5 kg、生石灰 150 g、葡萄糖酸钙 15 g。

硬化处理：将洗净的果料按 1 层果实放 5 mm 厚的食盐重复分层腌制，7~8 d 后取出晾晒。腌制时为增加制品脆度，可加入适量石灰。

漂洗：将上述干坯在流水中浸泡 1~2 d，漂洗掉果实 80%~90% 的盐分后倒出晒至半干。

加糖、煮制：将适量白砂糖、水放入锅中，白砂糖溶化后，放入欧李坯，文火煮 30 s，等欧李果吸收糖液发胀时，连同糖一起离火，倒入锅中浸糖 48 h。

装罐：将浸足糖的欧李捞出，洗去表面糖液，包装后即成欧李蜜饯。

第九章
栽培机械选配

欧李是我国特有的小灌木果树，耐旱、耐寒、耐瘠薄，经济与生态效益兼具。随着欧李种植面积的不断扩大，规模化、高效化是欧李产业发展的方向。用机械代替传统人力完成欧李产业各环节作业，可降低生产者劳动强度，大幅提高生产效率。

1 育苗机械

1.1 木渣粉碎机

1.1.1 木渣粉碎机背景技术

欧李扦插育苗中的部分基质需要木渣，因此需对来源广泛的树木枝干或枝条进行粉碎制成木渣。同时随着欧李种植面积的扩大，种植基地由于修剪和采果，会产生大量的欧李枝条。据估算，每亩可收获欧李枝条 187 kg，这些枝条可以收集起来当作生物质能源。欧李物料粉碎机对生物质能源的发展起着重要的作用。

1.1.2 木渣粉碎机总体结构及工作原理

木渣粉碎机是一种锤片式粉碎机械。该机具主要由进料机构、传动机构、切碎机构、输送机构和粉碎机构 5 部分组成。进料机构为切向进料式，包括切向式进料斗、压紧装置、喂入辊等部分组成。切碎机构由动刀刀盘与定刀组成。粉碎机构由锤片、筛网等部件组成。输送方式采用风机吹送。

由于欧李树体、木料等多为纤维类植物，所以具有一定的韧性，因此，应该先采用剪切的方式进行一定程度的粉碎，再进行撞击式的锤片粉碎，这样可以使物料的粉碎效率大大提升，同时也降低了粉碎的难度，减少了能耗，提高了粉碎质量。机具工作时物料由切向进料斗进入，进料机构通过喂入辊的沟槽对物料加紧，保证物料稳定连续地通过进料机构进入切碎机构。当物料厚度增加时，压紧装置中的滑块与弹簧可保证物料进入的均匀程度。物料进入切碎机构，轴带动安置在刀盘上的定刀快速旋转并产生剪力作用将物料切碎。物料由切碎机构进入粉碎室，锤片高速旋转并对物料进行打击，物料进一步被粉碎，同时物料获得较高的速度，并与粉碎机构内的筛网进行碰撞，物料进一步被粉碎。输送机构以气力输送的方式，风机将粉碎后的物料及时输送至出料口，保证机具的正常运转。

1.2 硬物粉碎机

1.2.1 硬物粉碎机背景技术

欧李育苗阶段需要大量的基质铺设苗床，欧李无机基质主要为炉渣和木炭。理想的栽培基质的理化特性应类似于土壤，能满足以下条件：价格低廉、来源广泛，适宜大规模使用；总孔隙度大，即使在吸水饱和后仍有空气空隙；适应种植多种植物；容量轻，便于搬运；自身具有一定肥力；绝热性强，以防止植物根系因温度变化大而受损；持水能力要强，吸水性大；自身不带病害。

适用于欧李栽培基质的炉渣应具有以下特点：容重适中，一般为 0.78 g/cm³，以便于基质在粉碎阶段与苗床整理阶段之间的搬运工作；通气性与排水性好，总孔隙度为 55.0%，其中大孔隙 22.0%、小空隙 33.0%。炉渣资源带菌少、廉价、丰富，适宜欧李建园规模化使用。木炭作为基质的特点有吸热保温、利水保湿、质地松散，能给欧李插条提供良好的温湿度等环境条件，使插条基部呼吸旺盛，促进新陈代谢，加速插条愈合生根，因此欧李生长快，成活率高。因炉渣的持水性较差，仅为 17%，所以应混合搭配使用。

1.2.2 硬物粉碎机总体结构及工作原理

硬物粉碎机结构较为简单，主要由进料口、粉碎刀具、饰网、机架、转子、出料口等部分构成。硬物粉碎机工作时，使用装载机将被粉碎的炉渣或木炭从粉碎机进料口装入，随后与高速转动的粉碎刀具接触碰撞，被切割粉碎。刀具的高速旋转使物料颗粒在瞬间被提速，被粉碎的颗粒在粉碎机内做圆周运动，其速度可能接近刀具刀片的末端线速度，随后符合粉碎机筛选尺寸的颗粒通过筛网排出。

1.3 搅拌机

1.3.1 基质搅拌机背景技术

随着欧李种植面积的不断扩大，欧李育苗基质会被大量使用。在欧李生产作业中，营养基质的搅拌是非常重要的环节。人工搅拌混合基质的方法效率低、作业质量差、耗费劳动力，直接影响接下来的工序及栽植苗木的质量，甚至影响苗木的生长发育。为了提高苗床基质的搅拌质量，需要适用于欧李基质搅拌作业的机械更高效地代替人工作业。欧李基质混合机械化对欧李产业化发展具有重要的意义。

1.3.2 基质搅拌机总体结构及工作原理

基质搅拌机是一种单卧轴搅拌机械。该机具主要由机架、

表9-1 基质搅拌机基本参数

项目	参数
外形尺寸/mm	1 200×940×670
叶片长度/mm	260
叶片厚度/mm	5
叶片角度	50°~60°
公称容量/m³	0.76
搅拌电机	三相异步电机 5.5 kW，1 440 r/min，50 Hz
输出转速/(r·min^{-1})	1 440

动力机构、搅拌机构、物料搅拌仓和主轴 5 部分组成。搅拌叶片焊接在主轴上，主轴为横轴式、单轴搅拌，且主轴按顺时针方向转动，即进料斗所在的位置朝向出料口方向观测。电机作为该机具的配套动力，通过动力传动装置将动力传输到搅拌主轴。机具工作时，物料由进料口进入。进料口通过挡板与进料平面对物料进行平整与缓冲，使物料能够以一定速度均匀地进入搅拌料仓。当物料由进料机构进入物料搅拌仓，搅拌机构旋转带动物料在仓内做循环运动，搅拌机构中的叶片与物料直接接触并产生强制力，使物料充分混合。由于搅拌叶片安装时与主轴呈一定角度，当主轴旋转时，搅拌轴带动搅拌叶片转一定的角度，搅拌叶片每转动 1 周，叶片都会排除一定体积的物料。随着搅拌轴的连续运动，物料会在搅拌叶片的作用下被推向出料口，保证机具正常运转。

1.4 铺床机

1.4.1 铺床机背景技术

铺床机是一种适用于铺设欧李苗床建园的机械装置。该机具宽度、高度适合在田间大棚作业，具有下料、铺设、压紧平整一体化的优点，可实现欧李苗床标准化铺设。铺设苗床速度快、效率高，1 个机组 3 人。设备构造设计简单，一般农机或林机企业均可生产。主机、滚轮与拨叉一体化工作，在拖拉机动力输出支持下完成下料作业，并保证苗床物料下料的连续性、稳定性和准确性。铺床机可显著提高苗床准备速度，为下一步苗木扦插奠定良好的基础。

1.4.2 铺床机总体结构及工作原理

铺床机以2个铰接点与拖拉机机体连接。拖拉机通过十字轴，与该铺床机连接并提供动力。该铺床机主要由悬挂点、主机机架、主机、拨叉、前置链轮、下料口、滚轮、轮胎、后置链轮、镇压器、下料开关、链条、机架、下物料箱、物料箱、链轮、底盘、十字轴等部分组成。主机机架用于支撑固定主机，主机外侧安置链轮，主机与齿轮之间通过连杆连接。主机正面与十字轴连接，十字轴工作，通过主机带动侧轴连杆工作，齿轮随之工作。拖拉机稳定的动力输出保证齿轮的平稳工作。机架在主机机架后部，主机机架上部为物料箱。下料口安置于物料箱的底部正下方，下料口上部安置滚轮，滚轮上部为拨叉，下料口两侧分别安置前置链轮和后置链轮，下料口间隙保持在2 cm，方滚轮安置在下料口的一侧并留出间隙，拨叉上焊接1根钢筋齿条，安置在滚轮正上方。下物料箱两侧与水平面成30°角，在下部中间连接下料口。链轮、拨叉、滚轮以链传动构成整体，链轮的大小为其与链轮的2倍，位置高于拨叉10 cm，拨叉与滚轮高度差为15 cm，前置链轮与拨叉高度差为20 cm，前置链轮与后置链轮在同一高度，链传动的各个部件均在轮胎与机架之间。镇压器为圆柱形滚轮，安装在底盘后部的两侧。圆柱形滚轮与水平面平行，工作时将镇压器打开，完成作业后镇压器可以收起，方便铺床机行进。下料口开关为人工控制的伸缩连杆，下料口开关一端连接下料口，一端安置在底盘后部镇压器的上部。下料口开关控制下料的速度，镇压器主要完成苗床土壤的平整任务，保证苗床的平整度。

操作时，将铺床机通过 2 个铰接点接到 50 马力（1 马力等于 735.5 W）四驱拖拉机上。拖拉机动力输出轴输出的动力通过万向节传递给铺床机的主机，由于万向节具有可伸缩变化的结构特点，保证了作床机在升降、摆动时动力的正常传递。在万向节与主机箱连接处装有安全销，在旋耕机遇到突然载荷时，安全销被剪断，使动力与旋耕机及时脱开，由拖拉机拖带向前运动。铺床机进入苗床铺床时，打开镇压器，调整镇压器的高度距水平面 5~10 cm。此时拖拉机带动铺床机向前慢速行驶，拖拉机动力输出首先通过十字轴传递给主机，主机带动侧轴上的链轮转动，链轮通过链条链传动将动力传递至拨叉。拨叉的转动带动后置链轮的转动将动力传输至动滚轮，通过拖拉机动力输出的改变来控制拨叉和滚轮的转速，进而调整铺床机的下料速度。

铺床机铺床时，装载机向物料箱装填铺设苗床所需的物料，1 次 3~4 m^3。拖拉机带动铺床机低速向前行驶。铺床手在一侧观察下料口的下料速度，并且由拖拉机动力输出控制转速以及下料口开关两方面控制下料速度，避免物料在镇压器前过度堆积。镇压器随后对苗床基质进行平整，保证苗床厚度符合标准。

1.5 作床机

1.5.1 作床机背景技术

目前，我国果园作床作业主要由小型农用机械代替。小型农用机械与果树的栽培模式不配套，其作业质量差，性能不稳定，可靠程度低，调整比较复杂，不易于操作，工效低。果园作床机械在国内的应用很少，适合于欧李生产作业的苗床整理机械几乎没有研究报道。目前，适宜欧李生产作业的作床机与一般的苗床整理机械不同。作床机在欧李苗床建设上的使用很重要，与铺床机配套使用，对实现欧李苗床作业机械化与规范化有重要意义。果园建园、欧李产业发展等各个领域的操作必须实现机械化、规范化。基于欧李自身的特性以及人民对于欧李产业的需求，在育苗阶段人工建设苗床已无法满足欧李大规模生产的需求。

1.5.2 作床机总体结构及工作原理

作床机以三点悬挂机构与配套拖拉机连接，主要由悬挂点、机架、步道犁、平土板、万向节、旋耕刀轴、减速箱等部分组成。该机具的机架用来承担全机的重量及工作负荷，以及安装、固定各部分零部件。拖拉机通过万向节与该作床机减速器连接并提供动力，减速器与万向节组成连接，用以传递拖拉机动力，改变动力方向及速度。该机具在作业中会有升降、摆动时动力的正常传递等问题，万向节的可伸缩变化结构特点可使机具稳

表 9-2 作床机基本参数

项目	参数
配套动力	50 马力
平土板张角	120°
平土板仰角	60°
平土板宽度/mm	1 200
外形尺寸/mm	1 260×1 600×1 150
工作速度/(m·s^{-1})	0.96
刀轴回转半径/mm	220
刀轴转速	220
床帮斜度/(r·min^{-1})	15°~20°

定作业。变速箱将动力传递给旋耕刀轴,旋耕刀轴的不同转速用来适应不同的农艺要求。步道犁通过改变犁柱和犁卡的安装位置达到调节耕深的目的。步道犁分为左、右 2 个步道犁,用犁卡分别固定在机架大梁的左右两端。平土板的作用是压实土壤及给苗床整形,安装在两侧步道犁的中间。

1.6 钩根机

1.6.1 钩根机背景技术

欧李的根系分为真根和假根 2 种。假根实际上是地下茎,多年生长后,欧李地下茎十分发达,在自然生长条件下,植株会依靠地下茎繁殖新的植株,因此可利用这些地下茎进行苗木繁殖，即根插法。根插法可以大面积繁殖优质的欧李苗木，且成本较低。欧李扦插繁殖的方法属于营养繁殖的范围，是目前欧李在育苗阶段普遍使用的方法。欧李根系发达，主要分布在20 cm 深的土层中，4 年生欧李植株主要分布在 20~30 cm 深的土层中。欧李根扦插育苗需要长有嫩芽的欧李根系。欧李植株在生长 6 年后结果质量变差，此时对欧李根系进行钩根作业不仅是对欧李资源的再次利用，而且大大提升了欧李自身的价值。4 年生欧李植株根系庞大，垂直根最长可达 100 cm，水平根最长可达 80 cm。人工钩挖欧李根系效率低、劳动强度大、作业质量差，而欧李育苗根插环节需要大量的根系作为根插的材料，人工钩挖欧李根系已经不适宜欧李育苗阶段的需求，因此实现欧李根系钩挖作业机械化是欧李产业化发展中亟须解决的问题。

1.6.2 钩根机总体结构及工作原理

钩根机以三点悬挂式与配套动力的拖拉机连接，主要由悬挂点、机架、限深轮、钩刀等部分组成。钩根机通过机架下部平行安置的 3 把钩刀进行钩挖欧李根系作业。机架的两侧各安装 1 个限深轮，用来控制机具的作业深度。当机具作业时，由配套动力的拖拉机悬挂钩根机进入苗床，待进入工作区域时，拖拉机通过液压杆对钩根机施加向下的压力，使钩刀能够顺利地进入土层，并到达规定的作业深度。当机具行驶一段距离时，需要将钩刀抬高升至土层以上，机具辅助人员对钩刀上缠绕的欧李根系进行清理。待钩刀上的欧李根系清除干净后，拖拉机悬挂钩根机重复以上步骤作业。

1.7 割灌机

1.7.1 割灌机背景技术

欧李为樱桃属矮生灌木型果树。因其发枝率高，用于扦插的嫩枝多，繁殖系数大、成本较低等特点，欧李苗木大面积繁殖采用扦插方法。人工收获欧李插条的方法作业成本高、作业效率低、劳动强度大，欧李插条收获时间的延误容易导致欧李苗木扦插成活率降低，影响欧李产业的经济效益。欧李插条收集作业机械化能够缩短欧李插条收获时间，提高苗木成活率，减少由于枝条收获时间延误而导致欧李经济效益的损失。在欧李育苗环节中，欧李插条的机械化收获作业对于欧李，甚至于整个灌木类果树具有重要的实际意义。

1.7.2 割灌机总体结构及工作原理

割灌机是一种欧李插条收获机械。割灌机为侧挂式小型动力机械，传动方式为硬轴传动，主要由传动机构、发动机、切割刀具、侧挂皮带、操纵装置等部分构成。该机具为单人操作，切割刀具为圆锯片，插条切割装置绕一垂直于固定轴旋转，并以冲击的方式切割欧李插条。当割灌机开始工作时，先将传动轴下方的钩环挂在机具操纵人员的背带上，工作人员侧挂机具且整体进入田间作业。发动机提供动力，并通过传动机构将动力输送至插条切割装置。操作人员握住手把，调节至最佳的切割位置，横向摆动硬轴，完成欧李插条的切割作业，由人工收集机具切割作业后的欧李插条并分级整理。

1.8 振动式起苗机

1.8.1 振动式起苗机总体结构及工作原理

欧李振动式起苗器与配套的动力机械以三点悬挂的方式连接。振动式起苗机包括机架、限深轮、起苗机构、松土机构、液压杆等部分。振动式起苗机作业宽度是适合于欧李苗床的宽度，应用在欧李整床的起苗作业中。拖拉机通过悬挂机构与起苗机连接并整体运动，拖拉机动力输出轴通过万向节与起苗机松土机构连接。起苗机工作时，机架正对苗床，起苗铲随机架一起运动进入规定土层深度后，限深轮开始工作并维持机架的稳定平衡，随后苗木与土块通过起苗铲过渡到松土装置上，并通过松土装置的震动彻底与起苗机分离。

1.8.2 主要技术参数

主要技术参数见表9-3。

表 9-3 振动式起苗机技术参数

项目	参数
外形尺寸/mm	1 600×740×1 450
连接作业方式	三点悬挂式
配套动力	50 马力
作业幅度/mm	1 350
起苗深度/mm	300~350

1.9 偏挂式起苗机

1.9.1 偏挂式起苗机总体结构及工作原理

偏挂式起苗机包括机架、牵引杆、悬挂点、限深轮、起苗刀等部分。机架下方两侧安置 2 个限深轮，起苗刀通过螺钉固定在机架的右侧，机身通过三点悬挂式与拖拉机相连。偏挂式起苗机工作时，先通过三点悬挂与拖拉机连接，机具同拖拉机连接成为整体，拖拉机通过牵引杆将偏挂式起苗机机身倾斜拉起，行驶到田间作业。开始起苗作业时，拖拉机通过上悬挂点使偏挂起苗机机身倾斜，并调整起苗刀的工作隙角，同时施加压力，使起苗刀进入土壤。拖拉机带动偏挂式起苗机缓慢行驶，并控制起苗刀的稳定性，使起苗刀切土工作、松土工作、断根工作稳定进行。起苗工作完成后，由人工收集、固定、包装。

1.9.2 偏挂式起苗机参数分析

果园起苗机械化设备对于提高果树苗木采收效率、节省劳动力、推动果园机械化发展起重要作用。目前应用于欧李起苗作业的是双面切土的起苗刀，即水平刀和一侧的立刀。水平起苗刀进入土壤达到稳定深度后，切断苗木的根系。减少与立刀相连的机架的厚度，并做成刃状，以减少工作阻力，提高起苗刀的入土性能。

表 9-4 偏挂式起苗机基本技术参数

项目	参数
外形尺寸/mm	1 950×1 040×1 150
工作隙角	15°~20°
水平夹角	65°
立刀刃后倾角	30°
铲高/mm	400
铲宽/mm	470

2 建园机械

2.1 开沟机

2.1.1 开沟机背景技术

开沟机是一种欧李苗木栽植、施肥过程中的开沟机械。该机具具有入土、碎土和取土的功能。在我国，目前农田开沟主要依靠人工以及挖掘机等设备，不但效率低、成本高，而且开挖的沟不规范、质量差。因此，开沟机代替人工作业对于欧李开沟施肥作业机械化发展具有现实意义。开沟机的特点是能够与欧李栽培模式配套，并且对农田地表破坏小，能够连续作业，效率高；具有开沟、碎土、抛土、覆土一体化特点，且开沟作业完成后不需要人工清除沟底浮土。

2.1.2 开沟机总体结构及工作原理

开沟机以三点悬挂式与拖拉机连接，主要由悬挂点、机架、限深轮、开沟犁等部分组成。该开沟机机架下方安装3个开沟犁，机架左右各安装1个限深轮。开沟犁为三角形开沟犁。该开沟机工作时，开沟机通过三点悬挂机构与配套拖拉机连接，拖拉机通过液压杆控制开沟机的升降，并向开沟犁提供向下的压力，使该开沟机顺利进行入土作业。拖拉机连杆末端的定位

表 9-5 开沟机主要技术参数

项目	参数
外形尺寸/mm	1 600×620×1 020
配套动力	50 马力
开沟宽度/mm	400
开沟深度/mm	160
开沟速度/$(m·s^{-1})$	2.8~3.1

销能有效保持机具的稳定性，防止开沟机发生偏摆。

2.2 旋耕机

2.2.1 旋耕机背景技术

果园旋耕机应用十分广泛，尤其是在我国北方的整地灭茬、果菜种植中，但在欧李果园土地耕耙作业中却不常见。欧李植株根系发达，主要分布在 20 cm 深的土层中。满足于欧李田间性能的旋耕机一定要结合欧李的自身特性和农艺要求。旋耕机具有以下特点：旋耕机的旋耕刀片为螺旋线分区段的排列方式，旋耕后地表平整，这与欧李苗木栽培时苗床的精细度、平整度高这一特点相匹配；旋耕机的旋耕刀具为旋耕弯刀，这种作业方式使弯刀不至于缠草，旋耕弯刀的切削方式可以把草茎、残茬挤压至未耕地，即使残茬与草茎未被切断，也可以在旋耕刀具末端与刀具分离；旋耕机相邻刀片的夹角为 130°，当旋耕机作业时，既防止刀片夹土堵塞、刀具缠草，又便于旋耕刀片的安装。

2.2.2 旋耕机总体结构及工作原理

旋耕机通过三点悬挂机构与相匹配的拖拉机连接，旋耕机的旋耕刀轴为横轴式，轴上焊有刀座，刀座上安装刀片并以螺旋线式排列。该机具主要由机架、悬挂点、旋耕刀片、罩壳、旋转刀轴、限深装置、减速器等部分组成。操作时，将旋耕机通过三点悬挂机构连接到 100 马力四驱拖拉机上。拖拉机动力

表 9-6 旋耕机主要技术参数

项目	参数
外形尺寸/mm	1 260×1 600×1 150
刀片长度/mm	220
机组前进速度/(m·s^{-1})	0.96
工作幅宽/mm	1 204
刀轴转速/(r·min^{-1})	220
相邻刀片夹角	130°
刀片数量	24

输出轴通过万向节与旋耕机连接并提供动力，由拖拉机拖带向前运动。该机具在作业中会有升降、摆动时动力的正常传递等问题，万向节可伸缩变化的结构特点可使机具稳定作业。在万向节与变速箱连接处装有安全销，在旋耕机遇到突然载荷时，安全销被剪断，使动力与旋耕机及时脱开。铺床机进入田间耕地时，拖拉机利用液压杆对旋耕机施加向下的压力，使旋耕刀具进入土层作业。旋耕机在一侧苗床的旋耕作业完成后，另一侧苗床旋耕作业开始前，拖拉机应通过液压杆将机具抬离地面，并掉头转入下个作业区域。

2.3 栽苗机

2.3.1 欧李栽苗机背景技术

欧李建园栽植采用宽行与窄行双行带状栽植方式，宽行

1.4 m，窄行 0.7 m，株高 0.3~1.5 m（多数为 0.5~0.7 m），粗度 0.3~0.5 cm。欧李人工大面积栽培具有很多问题，如劳动强度大、生产效率低、成本高。欧李机械化建园栽植可提高栽植效率、降低生产成本，对欧李产业的发展意义重大。

欧李栽苗机是一种欧李双行栽植机械。对于欧李双行带状栽植的建园模式来说，欧李栽苗机与欧李栽培模式相配套，提高了栽植效率。欧李为矮生灌木型果树，树体粗度较细，建园时采用 1 年生裸根扦插苗，且株距较短。这就要求欧李栽苗机在作业时要以缓慢的速度工作，扦插精准度要高。欧李栽苗机以人工投苗的方式提高了欧李栽植的精确度。

2.3.2 欧李栽苗机总体结构及工作原理

欧李栽苗机以三点悬挂式与拖拉机连接，主要由悬挂点、栽苗箱、传动箱、龙门架、机架、覆土圆盘、镇压轮、平地耙、链条、开沟器、限深轮、座位等部分组成。该开沟器为 U 形开沟犁，前宽后窄，前段底部为三角形开沟犁。2 个开沟器均位于机架的下方，开沟器的上方为投苗座椅，座椅中间为栽苗箱。机架前部为 3 个悬挂点，与拖拉机连接。每个开沟犁的后部安置 1 组镇压轮，1 组 2 个，镇压轮呈倒三角倾斜安装。机架后部两侧各安装 1 个限深轮，限深轮后方各安装 1 个覆土圆盘，在后部机架末端中央安装 1 个平地耙。

欧李栽苗机工作时，机具通过三点悬挂式连接到拖拉机上，拖拉机通过液压杆将机具倾斜抬起，待行走到栽植区域时，缓慢将栽苗机机身放平置于地面。拖拉机通过连杆对开沟器施加向下的压力，使开沟器具有入土的趋势并能顺利入土。开沟器的入土深度以自身高度的 2/3 为宜。拖拉机带动栽苗机以稳定的速度缓慢行驶，两侧投苗手以相同的间距将欧李苗木投入开沟器的后方，并使欧李树体保持直立。开沟器通过后，镇压轮压实地面的松土，确保欧李树体的栽植质量。土壤压实后，机架后部两侧的覆土圆盘向内侧分别回土起垄。栽植的双行苗木在 2 条土垄之间，同时位于机架末端中央的平地耙对土地进行平整作业。

3 管理机械

3.1 割草平茬机

3.1.1 割草机和平茬机背景技术

欧李种植面积的扩大，加之劳动力的短缺，导致出现欧李果园除草用工需求不匹配的情况，这就需要适用于欧李果园除草作业的机具代替人工除草作业。我国农田机械除草作业主要以蓄力割草机为主，多用于草坪除草和农田除草，且配套动力不匹配，作业效果差。目前，适用于欧李果园除草作业的割草机很少，严重阻碍了欧李生产机械化进程。由于欧李为灌木型果树，地上部的枝条几年后便衰老死亡，因此需要对地上部的枝条进行及时更新。目前欧李植株的更新有株内更新和整行轮换更新 2 种方式。对株内更新，由于机械不能识别需要更新的枝条，因此还未能实现机械化。但整行轮换更新不需要识别枝条，可以实行机械更新，但选用适宜的机械十分重要。国内针对灌木果树的平茬方法主要为小型背负式灌木平茬、人工夹剪和人工砍伐，这些方法的使用使平茬作业效率低、成本大、劳动强度大、作业质量低。针对以上问题，应先引进适用于欧李平茬作业的机械设备。

坐骑式割草机的行走方式为自走式，以汽油为燃料的发动机为动力模式，集草方式为侧排式，切割部件为旋刀式圆盘。欧李果园建园株距控制在 0.7 m，行距控制在 1.2 m。果树间空间小，行间通道窄，不适宜使用大中小型轮式拖拉机配套割草机械。此割草机作业幅宽为 950 mm，可在果园内行走，实现欧李果园行间机械割草作业，减轻劳动强度，且割草机具有造型美观、操作安全、驾驶舒适、割草量大、效率高等特点。

3.1.2 割草平茬机总体结构及工作原理

割草平茬机为盘式割草机，属于一种可以驾驶的工程机械，由发动机、车体底盘、草体切割装置、驾驶室及辅助机构等部分构成。该机具为单人操作，不允许载人割草，包括割草高度调节装置、刀轴系统和草体切割装置。车体底盘下安装刀盘，即旋刀式圆盘割草装置，草体切割装置绕一垂直固定轴旋转，以冲击的方式割草。

机具工作时，由操作者驾驶进入割草区域，将机具调整好。

欧李割草机由发动机提供动力，将动力以带传动的方式输出，并维持机具的行走与割草工作。发动机提供动力输出并将动力传至割草装置，实现刀轴系统转动带动刀盘工作，由刀片实现割草作业。手动控制割草高度调节装置，扳动割草高度调整机构，并实现割草装置系统整体上下移动，完成割草高度调整作业。

表9-7 割草平茬机主要技术参数

项目	参数
外形尺寸/mm	1 500×1 200×700
连接作业方式	自走式
作业幅宽/mm	1 000
刀盘数量	1
刀盘转速/(r·min^{-1})	1 050

3.2 喷雾机

3.2.1 喷雾机背景技术

随着欧李种植面积的不断扩大，欧李果园田间管理越来越重要。欧李果树病虫害防治工作作为田间管理重要的一环，在果树作业中，施药质量对于欧李果实的产量和品质有重要影响。欧李果园果树施药作业机械化对于提高欧李果品质量有重要意义，也是欧李产业化发展亟须解决的问题。目前，欧李果树施药作业仍然以手动的作业方式为主。手动背负式果树喷雾设备工作效率低、作业质量差、农药浪费严重且对人体伤害较为严重。可选用三轮拖拉机装配打药泵和药桶的方式进行果园药剂喷雾防治。

3.2.2 喷雾机总体结构及工作原理

喷雾机是一种以拖拉机为动力的小型喷雾机具。欧李果园喷雾机由底盘、药箱和喷雾机构等部分组成。喷雾机开始作业时，由拖拉机提供动力并通过万向节传输给液泵。液泵在拖拉机的驱动下，将药箱的水抽送入液泵，在向药箱加水的同时，按比例加入农药，使农药与水混合均匀。喷雾时，药液从药箱中抽出，经过出水管、过滤器进入液泵。药液进入喷管后，具有压力的药液在喷头的作用下喷出并喷洒在欧李果树的株冠层内。

4 采收机械

4.1 脱果机背景技术

欧李果单支结果密度很大，果实较小，一般呈圆形或椭圆形，单个果实重量为 2~20 g。欧李果成熟后质软，易破损。目前欧李果的采收以人工采摘作业为主，作业成本高、作业效率低、果农劳动强度大，欧李果采摘时间的延误容易导致果实腐烂，影响欧李产业的经济效益。欧李脱果机械的研究与应用，对提高欧李果的采摘质量、缩短果实采摘时间、提高欧李自身经济价值有十分重要的作用。

4.2 脱果机总体结构及工作原理

欧李脱果机主要由电机、进料斗、传动机构、摘果机构、机架、出料斗等部分构成。机具工作时，将欧李果枝条由进料斗喂入。在传送带的运送下经过加持机构时，上下2块弹簧压板对欧李果施加压力，对枝条进行固定并送入机具的摘果机构。在平行安装的2根摘果辊的作用下，欧李果与枝条分离且一同落入下方的筛网中。欧李果通过筛网上的小孔漏下，枝条从出料斗被排出。

5 果实处理机械

5.1 榨汁机

5.1.1 榨汁机背景技术

欧李为核果类果树，由于欧李果肉和果核都具有较高的利用价值，因此核与肉的分离在欧李果实处理环节中十分重要。榨汁机能够在实现果肉与果核分离的同时继续利用果肉。

5.1.2 榨汁机总体结构及工作原理

低速挤压式榨汁机主要由进料斗、螺旋主轴、滤网、盛汁器、出渣槽、调压头、螺旋腔等部分构成。榨汁机工作时用地脚螺钉固定，因为欧李果实体积较小，不用破碎果肉，可以直接将果实通过进料斗运送至榨汁机内，并保证进料均匀。螺旋主轴以顺时针方向转动，即进料斗所在的位置朝向渣槽方向观测。螺旋主轴为横轴式，螺旋绕主轴旋转并沿着料渣出口方向运动。螺旋主轴的运动使螺旋底径增大且螺距减小，物料被螺旋推动前进，螺旋腔体积逐渐缩小，且对物料形成压榨。欧李果实进入榨汁机内，被螺旋推进、挤压，压榨的汁液通过过滤网流入底部的盛汁器。种子及残留的果肉则通过机具后部螺环状空隙排出。可调节压头，通过改变空隙的大小调整排渣的阻力，即调节机具的出渣率，从而达到汁与渣自动分离的目的。

5.2 取核机

5.2.1 欧李取核机背景技术

人工沤制的欧李果实的果肉失去利用价值，可考虑只收取果核，将果肉丢弃，因此必须使用单独用于取核的机械，以提高取核的工作效率。

5.2.2 欧李取核机总体结构及工作原理

欧李取核机是一种以搓擦为主的滚筒式脱子机。该机具主要由电机、进料斗、滚筒轴、纹杆、栅格状凹板、加持输送装置、出料口等部分构成。欧李取核机工作时，用地脚螺钉固定于地面，并保证进料均匀。滚筒轴以顺时针方向转动，即进料斗所在的位置朝向出料口方向观测。滚筒轴为横轴式，栅格状凹板包裹滚筒轴，纹杆在两者之间，安装在滚筒表面。欧李果实进入机具后受到纹杆的多次冲击，少部分欧李果核会在凹板前端脱子并从凹板的筛孔中分离出来。随着滚筒轴的旋转，脱子间隙变小，靠近四板的果实速度较慢，靠近纹杆的果实速度较快，果实受到的搓擦越来越强并产生高频振动，果实呈现起伏状态向出料口运动，分离果实与果核。部分果核会随着果肉从凹板的筛孔中分离出来，其余的果核通过出料口与机具分离。